도시를
건축하는
조경

도시를
건축하는
조경

초판 1쇄 펴낸날 2018년 8월 24일
초판 2쇄 펴낸날 2021년 7월 1일
지은이 박명권
펴낸이 박명권
펴낸곳 도서출판 한숲 | **신고일** 2013년 11월 5일 | **신고번호** 제2014-000232호
주소 서울시 서초구 빙배로 143 그룹핀빌딩 2층
전화 02-521-4626 | **팩스** 02-521-4627 | **전자우편** klam@chol.com
편집 남기준, 조한결 | **디자인** 팽선민
출력·인쇄 (주)금석커뮤니케이션스

ISBN 979-11-87511-14-4 93520

값 24,000원

도시를
건축하는
조경

박명권 지음

도서출판 한숲

추천의 글

조경 설계는 아이디어를 제시한다. 아이디어가 대상지를 통해 물리적 실체로
구현되는 바탕에는 경관 조성의 기예, 구축 경관의 매개체, 경관의 디테일이
있다. 이 책을 통해 여실히 드러나듯, 동시대 조경의 리더인 박명권의 작업은
설계의 지성을 투영한 혁신적이고 섬세하며 견고한 예술 형태를 띠고 있다.
그의 지적 설계 작업에는 자연과 인간 사회에 대한 아이디어, 개념, 이론이
때로는 일상의 실천적 형식으로, 또 때로는 강력한 미학적 언어로 담겨 있다.

   박명권의 설계는 동시대 한국이라는 특정한 지질학적, 지리적, 사회적
경관을 배경으로 삼고 있으며, 대개는 박명권과 그의 사무실이 위치한 한국의
수도 서울 또는 그 인근에서 펼쳐지고 있다. 한국의 전통, 문화적 관례, 표현
방법, 시공 방식뿐만 아니라 계절과 기후, 돌·숲·정원의 풍토성에 힘입어 그는
오늘날 만연한 획일적 조경에 대안을 제시하고 있다.
   박명권의 조경 설계 아이디어와 이론에서 발견할 수 있는 주요 주제는
인공계와 자연계 사이에 존재하는 상반되는 힘 사이의 끊임없는 긴장과
균형이며, 이러한 주제가 조경 설계라는 매개체를 통해 표현되고 있다.
그의 설계 프로젝트들은 현대 세계의 변화뿐만 아니라 인간이 처한 조건의
복잡성 그리고 안정성에 대한 갈망으로부터 영감을 얻고 있다. 그의 이론적
접근과 이를 바탕으로 한 프로젝트는 합리적인 동시에 감성적이고, 규범적인
동시에 느슨하며, 철저한 구조를 갖추고 있음에도 변화에 열려 있다. 한국의
변화무쌍한 기후에 적합한 영속적 재료를 제한적으로 잘 활용한다는 점이
그러한 프로젝트의 실행을 가능하게 한다.
   이 책에 실린 다양한 드로잉과 사진은 생동감 넘치는 설계 과정을 잘
보여준다. 그러한 과정에서 마주하게 되는 상상력의 막다른 길이나 도약은,

박명권이 조경 설계 작업과 동시에 진행해 온 일련의 창의적이고 통합적인 디자인 큐레이터와 출판인으로서의 활동에 의해 역동적 힘을 얻는다. 그의 설계 작품을 통해 알 수 있듯이, 경관의 형태를 만들고 구축하는 일은 평생에 걸친 에너지, 자원, 인내심을 필요로 한다. 그리고 명확한 지적 좌표와 한국의 설계 역사에 대한 깊은 통찰은 물론 서구의 설계 사상과 혁신에 대한 이해를 요청한다. 나아가 디자이너라면 누구나 평생에 걸쳐 체득해나가야 할 현장에 대한 실천적 경험이 필수적이다. 이를 바탕으로 구현되는 결과물은 그 해법과 실행에 있어서 섬세하면서도 견고한 하나의 예술이며, 그러한 예술에는 시적인 동시에 실용적인 재료, 아이디어, 의미가 융합된다. 요약하자면, 하나의 예술로서 그의 작업은 전반적 개념으로부터 상세한 차원에 이르기까지 조경 설계의 실천적 차원과 창의적 가능성을 선명하게 보여준다.

설계 아이디어와 물리적 표현을 조화롭게 추구하는 사무실에서, 박명권은 회복탄력적인 설계 해법과 기술적으로도 건강한 설계안을 이끌기 위해 동료들과 긴밀히 협업하고 있다. 그는 설계의 모든 과정에 직접 개입하기 때문에 설계의 다차원적이고 확장적인 본질을 충분히 이해하면서 설계안을 완성된 형태로 실현시킨다.

결국 박명권의 설계를 흥미로운 작품으로 만드는 토대는 우연한 것, 변하는 것, 궁극적인 것, 불변의 것을 섬세하게 결합시키는 그의 능력이다. 그의 설계는 하나의 아이디어가 맥락 속의 재료에 어떤 영향을 미치는가에 대한 신중한 접근에서 출발한다. 그의 설계는 자연의 기능, 이동, 필요에 따라 서서히 형태로 진화하는데, 물에 깎인 돌, 봄의 강우를 유발하는 겨울의 추위, 나뭇잎과 뿌리와 새로운 생명의 결, 여름철의 나무 그늘, 그리고 꽃의 향기와 색상이 가시화되는 것이다. 뿐만 아니라 그의 설계는 아이디어를 형상화하고 실체를 재창조하는 인간의 열망에 따라 진화함으로써, 설계의 의미가 머릿속을 잠시 스쳐지나가는 덧없는 찰나 속으로 사라지지 않고 사고, 신념, 아이디어, 개념, 태도 모두가 실재적 영속성을 얻게 된다.

니얼 커크우드 Niall Kirkwood
하버드 대학교 디자인대학원 조경학과 교수

Recommendation

Landscape design proposes ideas and it is through the craft of landscape making and the medium of constructed landscape and its detail that these ideas are projected as a material reality on a site. The art of this activity in the landscape architecture of Myung-Kweon Park, a leader of the landscape profession as is demonstrated throughout this publication, becomes an inventive, subtle and robust art-form mirroring the true intellectual activity of design, both as a daily form of practice and as a strong personal aesthetic language brimming with ideas, concepts and theories of nature and human society.

The site design work of Myung-Kweon Park is located in the specific geological, geographical and social landscape of contemporary Korea and often or near the capital City of Seoul where he and his office are based. The traditional and cultural practices, expressions and construction methods of Korea with its seasonal climate and vernacular of stone, forests and gardens demonstrates an antidote to the homogeneity of landscape architectural practice that is so prevalent today.

A major theme that is to found in Mr. Park's landscape design ideas and theories is the ongoing tension and balance between opposing forces in the built and the natural world as expressed through the landscape design medium. His design projects are inspired by the complexity of the human condition and the desire for stability as well as change in the modern world. The theoretical approach and the resulting projects are simultaneously rational and emotional, disciplined but loose, structured yet ever changing using a limited range of durable materials appropriate for a changing climate of Korea.

The drawings and photographs in this publication illustrate a living dynamic process of design, with their resultant dead-ends, backtracking, leaps of imagination supported by Mr Park's parallel landscape design curatorial and publishing activities with periods of creative design synthesis and integration. As can be seen in his design work shaping and construction landscape form has required a lifetime investment of energy, resources and patience and requires a clear intellectual focus, a deep understanding of Korean design history as well as Western design ideas and invention with as much practical site experience in the field and site as any designer can muster in a professional life time. In return a built form is produced which is intricate yet strong in its resolution and execution, an art form combining materials, ideas and meaning, which is simultaneously poetic and pragmatic. In short, it displays, the practical dimensions and creative possibilities of landscape design from the overall conception to the detail level.

In an office where design ideas and their physical expression are equally valued and seamlessly joined, Mr. Park works closely with his colleagues to guide design ideas towards resilient, technologically and sound solutions. His involvement throughout all the design phases allows him to later understand the dimensions and expansive nature of a design and to advance it through its realization into built form.

In the end what makes his design work of interest is the intimate combination of the contingent, the transitory, the eternal and the immutable. Design in Mr. Park's projects arises carefully from the impact of ideas upon materials in context. They stem from slow evolving forms according to function and drift and need, water carved stone, periods of cold leading to the surging rainfall of spring, the veining of leaves, of roots, of new life, of summer tree canopies and the scent and color of flowers. They stem from the human wish and need to formulate ideas, to recreate them into entities, so that their meanings will not depart fitfully as they do from the mind, so that thinking and belief, ideas, concepts and attitudes may endure as actual things.

Professor Niall Kirkwood FASLA
Department of Landscape Architecture
Harvard University Graduate School of Design
Cambridge, Massachusetts, USA

추천의 글

그룹한의 박명권 대표는 지난 20여 년간 한국의 조경 설계를 선도해 왔다.
그동안의 치열한 설계 작업 과정에서 화두로 삼은 설계 이념을 바탕으로
국내외 설계 이론과 프로젝트들을 조망한 책 『도시를 건축하는 조경』의 출판을
축하하며 매우 기쁘게 생각한다.

세계 조경계의 거목인 이안 맥하그 교수가 일찍이 언급했듯이, 조경
설계는 "말초신경을 자극하는 선과 색이 되어서는 안 된다." 즉 조경 설계에는
자연의 섭리와 인간의 문화가 배어 있어야 한다는 것이다. 이러한 교훈을 박
대표는 이 책에서 자신만의 어휘로 풀어내고 있으며, 이는 그가 설계에서
구현하고자 한 가치 중 하나임이 틀림없다.

이번 저서에는 우리나라 조경계의 선도적 조경가로 활약해 온 박명권
대표의 설계 철학이 녹아 있다. 뿐만 아니라 지난 20여 년간 세계적으로
주목받아 온 국내외 주요 조경 프로젝트가 거의 모두 망라되어 있어서, 조경
설계를 지망하는 학생들은 물론 기성 조경가들이 21세기 전후 세계 조경
설계의 흐름을 이해하는 데 큰 도움이 될 것으로 기대된다.

박명권 대표는 한국 조경의 세계화는 국제적 흐름에 대한 어설픈 추종이
아니라 한국 토양에서 성숙된 창조적 해법에 뿌리를 두고 세계적 보편성을
추구할 때 이루어진다고 보고 있다. 이는 그의 오랜 국제적 경험에서 우러나온
매우 적절한 방향 제시라 할 수 있다. 박 대표는 국내에서의 성과와 인정에
만족하지 않고 끊임없이 세계 조경의 문을 두드려왔으며, 이러한 노력은

현재진행형이다. 그는 2015년에는 제임스 코너, 마사 슈왈츠, 콩지안 유 등과 함께 영국 파이던Phaidon 출판사가 선정한 '세계에서 주목받는 조경가 30인'에 선정되기도 했다. 한국 조경 설계의 세계화를 위한 박 대표의 노력을 지켜보아온 필자는 작은 성공에 만족하지 않고 줄기차게 더 높은 곳을 향해 매진하는 모습에서 한국 조경의 긍정적 미래를 기대하고 있다.

박명권 대표는 조경 설계만을 바라보는 시야로 한국 조경의 세계화에 도전한 것은 아니었다. 일찍이 대학생 시절에는 전국대학생조경연합회 회장으로서 조경 분야의 사회적 위상 정립에 헌신했고, 그룹한을 이끌면서도 동시에 한국조경학회, 한국조경협회, 환경조경나눔연구원 등 여러 조경 단체의 임원으로 활동하며 다양한 사업을 후원해 왔다. 세계조경가협회IFLA 학생 공모전에 매년 '그룹한 어워드'(1등상)를 후원하는 등 국제적 사회 참여와 후원에도 적극적으로 참여해 온 점은 그의 설계 이념, 즉 디자인은 사회와 함께 진보하며 상호의존적이라는 이념을 보여주는 실천적 단면이라고 할 수 있다.

필자는 박명권 대표의 조경 설계 인생이 그의 개인적 성공은 물론이고 한국 조경계의 성공으로 이어질 것이라고 확신하며, 그의 앞날에 더욱 큰 기대를 걸고 있다. 이번 출판을 계기로 박명권 대표의 그룹한이 지난 25년간의 성공을 디딤돌 삼아 앞으로 지구촌을 행복하게 만드는 다국적 설계 회사로 발돋움하기를 기대한다.

임 승 빈
서울대학교 명예교수
(재)환경조경나눔연구원 원장

책을 펴내며

25년이 넘는 긴 시간 동안 나는 한국 조경의 초창기부터 조경가로 활동하며
수많은 프로젝트를 진행해 왔다. 늘 도면을 붙잡고 씨름하다보니 손마디에
플러스 펜 잉크 자국 마른 날이 하루도 없었다. 지금은 한순간의 찰나처럼
스쳐지나간 듯 느껴지지만, 프로젝트를 하나하나 완성할 때마다 그 지난했던
고통과 창작에 대한 목마름의 기억이 말라가는 심장과 주름진 뇌리에 아직도
여전히 남아 있다. 이 책을 통해 나는 그간 조경 설계를 경험하며 다듬어 온
조경 이론과 실천에 대한 시각을 일곱 개의 큰 줄기로 정리해 보았다.

첫째는 '자연과 인간'을 대하는 조경가의 자세다. 조경가라면 누구나
자연과 친하며 누구보다도 자연에 대해 잘 알고 있다고 자부한다. 또 건축이나
토목 등 다른 디자인과 엔지니어링 분야와 경쟁하며 분야의 전문성을 내세울
때 조경가가 언제나 앞에 세우는 전가의 보도 같은 무기도 조경만이 유일하게
자연을 다룰 줄 안다는 점이다. 하지만 그토록 맹신하고 있는 자연에 대해
과연 조경가들은 어떤 태도를 가지고 있는가? 우리의 삶과 일상에서 동떨어진
박제된 자연, 겉모습만의 자연을 그리며 조경가가 만든 공간이 오히려 인간과
점점 멀어지고 있지는 않은가? 또 자연의 순수성을 내세워 이를 신성시하면서
자연과 인간을 이분법적으로 구분하고 있지는 않은지 한 번쯤 생각해 보아야
한다.

둘째는 조경이 '과학인가 예술인가'에 대한 질문이다. 실무 현장에서
한국의 조경가들은 주로 계획 분야와 설계 분야로 나뉘어 일하고 있다. 계획이
주로 큰 스케일의 대상지를 이안 맥하그Ian McHarg 식의 분석 기법을 근간으로
과학적 프로세스에 따라 다루는 데 비해, 설계 분야의 작업은 보다 작은

스케일의 대상지를 다루며 감각적이고 시각적 아름다움을 추구하는 예술적 작업에 가깝다. 조경 설계에서 과학적 이론을 근간으로 하는 것이 중요한지 예술적 감각과 미적 완결성을 추구하는 것이 더 중요한지에 대한 논쟁은 여전히 현재진행형이어서 정답을 당장 마련하기는 어려울 것이다. 그러나 궁극적으로 조경의 정체성은 과학과 예술의 통합에서 그 길을 찾아야 할지도 모른다. 자연의 생태계와 인간의 삶을 통합적 안목에서 파악해야 하며, 이 두 가지 주제를 모두 깊이 있게 이해하고 충분히 배려하는 자세를 견지해야 한다.

세 번째 줄기는 '조경과 도시 그리고 건축'의 관계에 대한 해묵은 과제다. 한국의 조경가들은 가끔씩 나오는 공원 설계공모를 빼고는 대부분 건축이 메인인 프로젝트에서 서브sub 컨설턴트로 일한다. 학교에서는 분명 조경가가 계획 초기부터 참여하여 큰 스케일의 계획을 먼저 하고, 건축이나 토목이 그 다음 단계에서 더 작은 스케일의 일을 해 나가는 순서라고 배운다. 하지만 실무의 현실은 그렇지 않은 경우가 더 많다. 많은 조경가는 건축의 하부에서 일하는 현실에서 자괴감을 느끼기도 하고 조경가로서의 자부심을 잃기도 한다. 랜드스케이프 어바니즘landscape urbanism의 부상으로 조경과 건축과 도시가 혼합된 새로운 영역에서 조경가가 코디네이터 역할을 하며 영역 간의 네트워크를 조율하는 지휘자가 될 기회가 왔다. 도시화의 진행에 따라 새롭게 탄생하고 있는 다양한 유형의 재개발 대상지, 포스트 인더스트리얼 사이트, 랜드필, 브라운필드 등에 대한 새로운 시선과 해법을 조경가가 협업을 통해 제시할 수 있다. 이제 조경은 전통적인 반도시적 가치 지향에서 벗어나 도시 그 자체에서 정체성을 찾는 노력을 게을리 하지 말아야 한다.

네 번째 주제는 조경 설계의 궁극적 지향점이 무엇인지 묻는 질문으로부터 출발한다. '디자인인가, 문화인가'라는 질문을 통해 조경 디자인 그 자체의 한계를 되짚어보고 완성될 공간에 담아야 할 쓰임새가 누구를 위한 것이며 어떤 가치를 추구해야 하는지 다시 되돌아본다. 우리가 만들어내는 공간은 디자이너의 임의대로 재단되어서는 안 되며 그곳을 이용하고 즐거움을 느끼고 행복해야 할 대중을 위한 문화 생성의 장이어야 한다.

다섯 번째 가지는 조경이 다루는 '공간'에 비해 간과되기 쉬운 '시간' 개념의 적용에 대한 이야기다. 조경이 만드는 외부 공간은 주변 도시가 발전하고 시간이 흐름에 따라 그 쓰임의 필요나 요구가 달라지기도 한다. 때로는 그 공간에서 시간의 변화를 체감하게 하는 디자인이 의도되기도 한다. 완공된 상태로 멈춰버린 정태적 공간이 아니라 주변의 변화에 대응하고 시간의 변화를 느끼게 하는 디자인의 중요성을 조경 설계에서도 간과할 수 없다. 미술에서는 시공간을 초월하는 다양한 시도가 이어져 왔다. 사물의 움직임을 본질로 파악하고 작품 자체가 움직이면서 변화하는 모습을 보여주는 키네틱 아트kinetic art, 대자연 속에 조형물을 설치해 그 변화를 관찰하는 대지 예술land art, 공간 예술이면서 동시에 시간 예술을 추구하는 다양한 설치 미술, 그리고 비디오와 같은 동영상 멀티미디어를 활용하는 비디오 아트 등 시간의 변화를 활용한 창의적 시도가 발전을 거듭해 오고 있다. 이제 조경가는 공간을 디자인할 때 물리적 형태뿐 아니라 시간의 변화에 따른 경관의 변화를 고려해야 한다. 또한 이용자들의 변화하는 욕구와 그들의 정서를 반영할 수 있도록 시간이라는 공간 너머의 디자인 주제에 대해서도 새롭게 고려해야 한다.

여섯 번째 주제는 디자이너의 입장에서 늘 고민거리인 '채움과 비움'에 대한 이야기다. 텅 빈 트레이싱 지를 검은 플러스 펜으로 가득 채워 그리고도 만족스럽지 않은 디자인을 마주할 때 느끼는 좌절감을 실무 디자이너라면 누구나 한 번쯤 겪어보았을 것이다. 반대로 선 몇 가닥 그려 넣지 않았는데도 여백과 비례, 균형과 조화의 절제미로 수준 높은 시각적 포만감을 선사하는 고수들의 디자인에서 힘없는 부러움과 질투를 경험하기도 한다. 한옥의 전통 마당과 몇 개의 광장 디자인 사례를 통해 '비움으로써 채우는' 디자인을 이야기한다.

마지막 주제는 '전통과 한국성'에 대한 글이다. 세계 무대에서 경쟁하기 위해 한국의 조경가들이 많은 노력을 경주하고 있지만 아직까지 이렇다 할 성과가 없는 현실이다. 이는 곧 세계적이면서 동시에 한국적인 것을 어필할 만한 토양이 충분하지 않다는 말이고, 아직까지는 우리 조경과 세계 조경 간의 대화가 부족했음을 의미한다. 나는 지난 몇 년간 뉴욕 맨해튼에 '그룹한' 지사를 설립하고 세계적 디자이너들과 경쟁하며 한국의 로컬 조경 회사를 넘어 글로벌 디자인 회사가 되기 위한 노력을 해 왔다. 한국을 넘어 세계적인 조경가가 되기 위해서는 분명 해외 유명 조경가를 따라하는 수준을 넘어 우리의 정체성을 찾아야 하고, 그것을 바탕으로 우리만의 독창적 디자인 능력을 갖추어야 한다. 하지만 어설픈 자국 문화 우월주의, 민족주의, 전통에 대한 무조건적 숭배를 우선 넘어서야 하고, 또 문화적 맥락에 대한 이해가 없는 서구 트렌드 모방도 극복해야 한다. 삼성의 휴대폰, 현대의 자동차, LG의 세탁기에 어떤 한국의 전통적인 미가 있어서 미국 소비자들이 열광하는 것은 아니다. 한국의 미는 이미 우리 안에 내재되어 있다. 가장 현재적이고 상식적인 차원에서 우리가 잘 알고 익숙한 것에서부터 최고의 아름다움을 만들어낸다면 분명 세계적 반향도 따를 것이다. 아름다움이란 시대와 문화를 초월해서 공명하는 것이기 때문이다. 그와 같은 공감과 인정이 하나 둘 쌓이게 되면 우리 디자이너들도 머지않아 세계 사회의 신뢰를 얻게 될 것이다. 그동안의 작품을 통해 '그룹한'이 노력해 온 전통 조경의 계승과 한국적 조경의 정체성을 찾기 위한 성과를 돌아보며 세계적 디자인의 길을 모색해 본다.

1994년, 11명의 젊은 디자이너를 모아 '그룹한'을 창업한 지 어언 25년이란 세월이 흘렀다. 한국 조경 설계의 성장과 역사를 함께한 짧지 않은 시간 동안 600명에 가까운 얼굴이 '그룹한'의 문지방을 넘나들었다. 25년의 험난한 성장 과정에서 언제나 함께해 주었던 사랑하는 동료들, 항상 뒤에서 든든한 버팀목이 되어 주었던 가족들에게 무한한 감사의 인사를 드린다.

방배동의 꺼지지 않는 등불이었던
'그룹한' 사옥 꼭대기에서
박 명 권

Foreword

For more than 25 years, I have been working tirelessly as a landscape architect, participating in numerous landscape projects since the very beginning of the profession in Korea. Always holding blueprints in both hands, I have never seen my fingers without stains of ink and traces of markers. Although those days seem to have passed like a flash, I still vividly remember each and every moment of pain and agony that I went through completing the projects one by one. By writing this book composed of seven major sections, I could have a chance to summarize my own perspectives and views on the theories and practices of landscape architecture, which I have acquired and refined through many years of my hands-on experiences.

First, I wrote about landscape architects' attitudes toward 'nature and human beings.' A landscape architect is usually pretty confident that he or she is quite familiar with nature, and has fair amount of knowledge of it. In addition, when debating and discussing with the professionals from other fields such as architecture and civil engineering, the most powerful weapon that landscape architects are willing to use is the fact that it is just landscape architecture that knows how to deal with nature effectively. I would rather, however, ask the landscape architects what kind of attitudes they possess toward nature. I cannot help wondering whether the spaces constructed by landscape architects might have become farther and farther away from humans as they could only represent the restricted and abstract characteristics of nature removed from our daily lives. We need to think seriously of the separation and division between nature and humans that might have been brought about by too much emphasis on the purity of nature and its deification.

Second, I would like to ask whether landscape architecture is 'science or art.' On protect sites, Korean landscape architects are working in two clearly separated groups: planning and design. While the planning is mainly about dealing with relatively large-scale sites and employing scientific processes based on Ian McHarg's analytical methods, the design is closely associated with dealing with comparatively small sites and trying to create aesthetic and sensual values, being more like works of art. It is hard to come up with a definite answer to the question as the debates have been going on over the issue of how to define a landscape architecture design: should it be based on scientific theories or does it have to pursue artistic sensibility and aesthetic perfection? Probably the ultimate solution to this dilemma, the true identity of landscape architecture, is to be found by combining both science and art. We ought to look at the natural ecosystem and the human life from an integrative perspective, and be able to deeply understand and respect the two spheres.

Third, I want to discuss the subject of 'landscape architecture, cities, and architecture.' The landscape architects in Korea have usually worked as assistant consultants for the projects where architecture plays a primary part, except for some rare cases of design competitions for parks or gardens. They learn at school that the landscape architects take part from the early stages of planning, coming up with large-scale master plan before architects or civil engineers work on smaller details. However, this is hardly the case in the real world. Quite a few landscape architects often feel frustrated and disappointed, working as subordinates to architects and thereby losing their pride as professionals. As landscape urbanism has emerged, a landscape architect can have an opportunity to coordinate landscape architecture, architecture, and civil engineering and orchestrate the different areas to facilitate the cooperation among them. As urbanization continues, landscape architects will continue to have a chance to present their novel viewpoints and solutions, along with cooperative efforts, that can be applied to a variety of project sites including redevelopment districts, post-industrial sites, landfills, and brown fields, to name a few. Now landscape architecture should not be against urbanism, but should rather make continuous efforts to seek out its identity in cities themselves.

Fourth, I would like to ask what could possibly be the ultimate intention point of landscape architecture. Is it a design process or a cultural phenomenon? The questions raise and renew our awareness of the limitations of landscape architecture itself, the target users of the functions embedded in completed spaces, and the values that we ought to pursue. The space built and constructed by landscape architects should not be controlled exclusively by the designers, but work as a platform where people can enjoy themselves, feel satisfied, and engage in cultural activities.

Fifth, I want to talk about applying the concept of 'time' that is easily overlooked, giving way to that of 'space,' a primary subject matter of landscape architecture. The space designed by landscape architecture might have to serve totally different purposes and meet diversified needs of its users as the surrounding urban environment keeps changing over time. Sometimes the landscape design itself is intended to help its users experience the passing of time. Landscape architecture should pay more attention to the importance of the design that can adapt to the changes in the environment and provide the experience of those changes to the visitors. Art has been showing a wide range of efforts to transcend time and space constantly. For instance, considering the movements of objects as being essential, kinetic art presents artistic works that move and transform. Land art installs sculptures in nature and observes how they change. Installation art of various forms is not just an art of space but also an art of time. Video art has successfully employed video clips and multimedia content. All these art forms have demonstrated the imaginative and creative interpretation of the passing time and resultant changes. Now landscape architects should bear in mind not just the physical dimensions but also the potential changes in the landscape when it comes to designing a space. In addition, to reflect the varying needs and emotions of users, landscape architects need to enhance their sensitivity to and awareness of time, a design aspect beyond space.

Sixth, I wrote about the subject of 'filling and emptying' that has always been a concern for designers. Any landscape designers on the field must have felt frustrated and dissatisfied with an unfulfilling design work even after he or she had spent hours and hours drawing and revising on a piece of empty tracing paper. On the other hand, they must have been envious and even jealous when they became overwhelmed by a masterful design which does its job quite successfully with its tasteful, restrained, and balanced harmony created by using margins and blanks along with a few simple lines. With several examples from the garden of a traditional Korean house and a few square designs, I discussed the design process of 'filling by emptying.'

The final section is dedicated to the subject of 'traditional landscape architecture and Korean landscape architecture.' While a number of Korean landscape architects have strived to compete on the world stage, it would be correct to admit that there have been few noteworthy achievements so far. This means that there is no solid foundation for appealing to the international community with the very essence of the country, and, at the same time, that there has been not much talk going on between the landscape architecture of Korea and that of the globe. Establishing a branch office of 'Grouphan Associate' in Manhattan in New York City, I have competed against world-famous designers, trying to increase the competitiveness of the company and overcome its limitations as a local player. In order to become a world-renowned landscape architect, it is not enough to imitate the works of famous designers, but it is required to find one's own identity and develop unique and distinctive design capabilities. However, we need to overcome ethnocentrism, nationalism, and unconditional praise of traditional culture, and try to avoid mimicking the Western trends, without comprehensive understanding of the cultural context. American consumers have purchased Samsung's smartphones, Hyundai's automobiles, and LG's washing machines not because they can find some traditional beauty in the products. The Korean aesthetics has always been within us. If we can create a supreme beauty from what we are well aware of and quite familiar with in a modern and universal way, the creation might resonate with the world. Beauty is what produces sympathy irrespective of the difference in time and culture. As the sympathy and appreciation grow bigger and stronger, the Korean landscape designers will gain trust from the international community. Looking back on the achievements that 'Grouphan Associate' has made by inheriting the legacy of traditional gardens and seeking out the identity of Korean landscape architecture, I wonder which path will lead to a global design language.

25 years has passed since I founded 'Grouphan Associate' with 11 young talented designers in 1994. Approximately 600 people have been with the organization while the landscape architecture in the country has shown a remarkable growth and development. I would very much like to express my deepest gratitude to all the colleagues that I have been working with, and my family who has been the greatest support all these years.

On the rooftop of 'Grouphan Associate' building
in Bangbae-dong, Seoul
Park, Myung-Kweon

차례

I

자연과 인간

조경은 자연의 편인가
자연을 거스르는가

흔히 '조경'이라는 두 글자를 들으면 나무나 정원, 자연 같은 단어를 떠올릴 것이다.
이런 단어는 물론 조경의 핵심이 되는 키워드임에 틀림없다.
조경가는 건축가나 예술가, 토목 전문가와 이야기할 때 늘 자연, 즉 생명을 다루는
전문가임을 자랑스럽게 내세운다. 자연이 조경의 경쟁력이기도 하다.
그러나 조경가가 언제나 '전가의 보도'처럼 내세우는 자연에 대한 이해가
언젠가부터 왜곡되고 있고 또 조경가가 추구해야 할 이상으로부터 점점 멀어지고 있다는
생각을 지울 수 없다. 조경가가 말하는 자연은 대부분 순수한 자연 또는
원시성을 가진 신비스러운 자연으로만 치우친 경우가 많다. 자연 본래의 순수함을
강하게 주장해야 건축이나 다른 분야가 감히 넘보지 못할 것이라는
엉뚱한 자만에 빠져있지는 않은지 이제는 한 번쯤 돌이켜 보아야 한다.

역사 속의
정원과 자연관

인류 역사에서 정원 문화의 시초를 더듬어 보면 기원전으로 되돌아가야 할 정도
로 정원의 역사는 깊다. 정원은 시대와 장소에 따라, 인간이 추구한 가치에 따라
그 모양새와 쓰임새를 달리하며 발전해 왔다. 역사를 통해 살펴보면 정원은 단순
한 자연의 모방이 아니라 그 시대의 얼굴이자 인류 문화의 가치를 반영하는 거울
이기도 하다.

메소포타미아 지구라트　　　　수도원 정원　　　　　　바빌론의 공중 정원

이집트 장제 신전

고대의 정원은 메소포타미아의 지구라트ziggurat, 이집트의 장제 신전shrine garden 등과 같이 신을 위한 제의의 공간이거나 바빌론의 공중 정원hanging garden 처럼 자연을 동경하며 만든 정원이었다. 종교의 권위에 눌려 문화의 암흑기라 불렀던 중세의 정원은 수도원과 성을 중심으로 한, 내부 지향적 생산과 상징의 공간이었다. 중세 전기를 대표하는 이탈리아와 스페인의 중정식 정원cloister garden은 주로 종교 의식을 위한 성전 건립을 통해 발전했고, 후기를 대표하는 성곽 정원castle garden은 중세의 봉건 영주들이 쌓은 성을 바탕으로 한 은유와 낭만의 공간이었다.

14~16세기의 이탈리아 노단식 정원은 르네상스 시대의 인본주의 철학이 발달하면서 엄격한 고전적 비례와 축을 중심으로 발전했다. 원근법과 수학적 계산에 예술적 감각이 더해진 르네상스 시대의 정원에서 부호들은 전망이 좋은 경사진 언덕에 계단식의 호화로운 정원 생활을 누렸다. 막대한 부를 축적했던 메디치 가문의 빌라 메디치Villa Medici, 리고리오가 에스테 추기경을 추모하기 위해 조성한 빌라 데스테Villa d'Este, 비뇰라Vignolia의 대표작인 빌라 란테Villa Lante, 그리고 섬 전

성곽 정원

빌라 메디치

빌라 란테

이졸라 벨라

회랑식 중정

채원

빌라 데스테, 15세기

빌라 데스테의 백 개의 분수

체를 정원으로 조성하여 웅장한 바로크 정원의 대표작으로 손꼽히는 이졸라 벨라Isola Bella에서 이탈리아 정원의 정수를 볼 수 있다.

17세기를 대표하는 프랑스의 정형식 정원은 자연마저도 엄격하게 통제하고자 한 절대 왕권의 상징이었다. 철학자 데카르트의 영향으로 기하학적인 정형성

보르비콩트

베르사유 궁원

앙드레 르 노트르

이 존중되고 정확한 비례와 원근법이 더욱 중요시되었다. 루이 14세의 절대 왕정
도 지동설과 함께 정형식 정원의 배경이 되었다. '왕의 정원사'로 불리며 프랑스
식 정원을 완성한 앙드레 르 노트르^{André Le Nôtre}의 보르비콩트^{Vaux-le-Vicomte}와 베
르사유^{Versailles} 궁원이 대표 사례다.

고전적인 목가적 풍경을 그린
클로드 로랭의 풍경화

스타우어헤드 정원

　　최근까지도 대표적 정원 양식의 지위를 누리고 있는 18세기 영국의 풍경화
식 정원은 루소의 자연주의 철학, 근대의 계몽주의 사상, 낭만주의의 흐름과 더
불어 탄생한 목가적이고 서정적이며 회화적인 정원 양식이다. 클로드 로랭Claude
Lorrain을 비롯한 이상주의 풍경화가들의 그림과 픽처레스크picturesque 미학 또한
풍경화식 정원 양식의 성립에 결정적인 영향을 미쳤다. 영국의 대표적인 풍경화
식 정원 중 하나인 스타우어헤드Stourhead의 주인이자 아마추어 디자이너였던 헨
리 호어Henry Hoare 2세는 클로드 로랭의 풍경화를 스타우어헤드 정원 디자인의
밑그림으로 사용할 정도로 정원을 그림 같은 풍경으로 연출하고 싶어했다.

고전 속의 목가적 이상을 옮긴 풍경화에 영향 받은 영국의 귀족들은 자신들의 정원을 그림 속의 풍경처럼 개조하고자 한 것이다. 찰스 브리지맨Charles Bridgeman이 설계하고 후에 윌리엄 켄트William Kent가 수정해 완성한 스토우Stowe 정원은 풍경화를 바탕으로 조성된 대표작이다. 브리지맨은 담장 대신 땅을 깊이 파서 배수로를 만들어 물리적 경계를 만듦과 동시에 원경을 감상하는 데 지장이 없게 한 하하ha-ha 기법을 고안하기도 했다. 윌리엄 켄트는 "자연은 직선을 싫어한다"는 유명한 말과 함께 풍경화식 정원의 선구자가 되었다. 랜슬롯 브라운Lancelot 'Capability' Brown은 수많은 풍경화식 정원을 새롭게 개조하면서 정원 설계와 조성을 산업의 수준으로 확장시켰다. 그의 뒤를 이은 험프리 랩턴Humphry Repton은 정원 조성 전후를 비교해 제시하는 방식의 『레드 북Red Book』을 만들기도 했다. 랩턴이 활발히 활동하던 시기에는 랜드스케이프 가드너landscape gardener라는 새로운 직업명이 만들어졌다.

스토우 정원

19세기 중반을 지나며 공원public park의 시대가 열렸다. 그 결정적 계기가 되었던 것은 너무나도 잘 알려진 뉴욕 맨해튼의 센트럴 파크Central Park였다. 농부, 저널리스트, 위생국 공무원을 두루 경험한 센트럴 파크의 설계자 프레더릭 로 옴스테드Frederick Law Olmsted는 당시의 열악한 도시 환경을 개선함으로써 사회를 변화시키고 민주주의를 실현하고자 했다. 그는 예술이 사회적 서비스를 수행해야 한다는 신념을 바탕으로 사회 개혁의 일선에서 조경가의 역할을 환기시켰다. 그는 어린 시절, 가족과 함께 코네티컷 계곡과 나이아가라 폭포 등 미국 동부의 자연을 탐험하며 자연에 대한 경건한 태도를 배웠고, 유럽을 여행하면서 영국 픽처레스크 미학과 풍경화식 정원의 경관에 대한 지식을 얻었다. 후일 그가 설계한 요세미티 국립공원의 와워나 로드Wawona Road와 터널 뷰는 이런 그의 경험을 바탕으로 한, 자연 경관을 효과적으로 이용하면서 극적으로 경관을 연출한 사례다.

프레더릭 로 옴스테드

뉴욕 센트럴 파크, 남북 4.1km, 동서 0.83km, 면적 3.41km²

센트럴 파크 초기 마스터플랜

요세미티 국립공원의 와워나 로드 터널 뷰

옴스테드는 1858년 센트럴 파크 설계공모에서 건축가 캘버트 복스Calvert Vaux 와 함께 제출한 그린스워드 안Greensward Plan으로 당선되었다. 뉴욕 맨해튼 중심에 총 면적 3.41km²에 달하는 대형 공원이 탄생하게 된 것이다. 센트럴 파크는 도시 의 환경 문제를 개선하여 사회를 변혁하기 위해 남녀노소나 사회 계층에 상관없이 누구나 이용할 수 있는 공공 장소를 지향했고, 도시의 공업화와 상업화에 따른 열 악한 환경과 대조되는 전원의 이상을 실현하고자 계획되었다. 그러나 센트럴 파크 는 모델로 삼은 영국 풍경화식 정원처럼 살아있는 자연이 아닌 박제된 자연을 만 들었다는 평가를 받기도 한다. 막대한 예산과 엄청난 토목 공사를 수반했다는 점, 그리고 단순히 자연의 관조에만 가치를 두어 실제의 삶을 간과했다는 점을 지적 받기도 한다. 센트럴 파크는 오늘날 많은 조경가들이 집착하고 있는 '자연처럼 보 이는 형태'의 근원이라는 평가로부터 자유롭지 못한 측면도 있다.

센트럴 파크 전경

도시의 공업화와 상업화에 따른 도시의 열악한 환경과 대조되는
전원의 이상을 실현하고자 계획된 센트럴 파크.
그러나 살아있는 자연이 아닌 박제된 자연을 만들었다는 평가를 받기도 한다.

현대 조경에
나타난 자연

1969년 저서 『디자인 위드 네이처Design with Nature』를 통해 이안 맥하그Ian McHarg
는 장식적인 형식미 위주의 조경 설계 전통에 반기를 들고 자연의 내적 성장과 생
태계의 안정성을 존중했다. 또한 재능과 직관에 의존하던 조경 설계에 과학적이
고 분석적인 과정적 시스템을 확립시킴으로써 보다 체계적인 조경을 추구했다.
그러나 인간과 불가피하게 상호 관련될 수밖에 없는 자연을 인간의 손길이 닿지
않는 원생의 자연으로 신비화함으로써 인간-자연 이원론을 탈피하지 못했다는
비판을 받기도 했다.

이안 맥하그의 현황 분석도

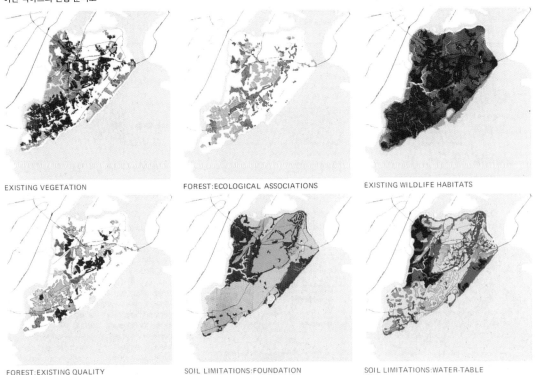

EXISTING VEGETATION

FOREST:ECOLOGICAL ASSOCIATIONS

EXISTING WILDLIFE HABITATS

FOREST:EXISTING QUALITY

SOIL LIMITATIONS:FOUNDATION

SOIL LIMITATIONS:WATER-TABLE

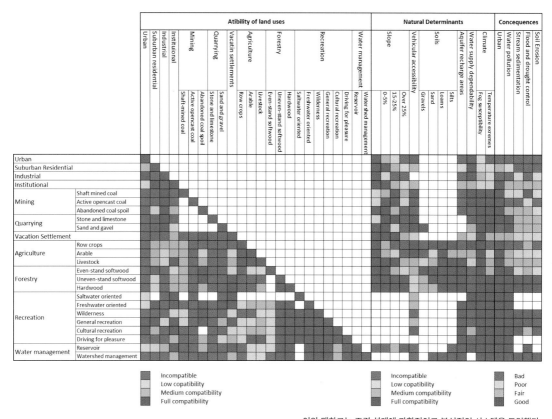

이안 맥하그는 조경 설계에 과학적이고 분석적인 시스템을 도입했다.

조지 하그리브스

한편 조지 하그리브스George Hargreaves는 자연 현상을 깊이 있게 관찰하고 문화를 인문학적으로 탐구해 장소의 역사와 특성을 존중하고 자연과 문화의 진정한 의미를 표현하고자 노력했다. 그는 시간에 의한 변화의 과정과 부지의 고유한 특성에서 나오는 의미에 초점을 둔다. 하그리브스는 조경을 "문화와 자연의 만남의 장"을 구축하는 작업이라고 여기고, 모더니즘의 내부 지향적인 "닫힌 구성"에서 벗어나 외부 지향적인 "열린 구성"으로, 모더니즘의 기능 다이어그램적 접근에서 벗어나 현장을 중시하는 맥락주의적 접근으로 전환할 것을 주장했다. 그의 작품들은 맥락주의, 해체주의, 생태주의 등 다방면에 걸친 실험을 통해 환경 예술에서 촉발된 '의미'에 대한 관심을 적극 표현하고 있다. 그는 조경이 건축이나 미술로부터 형태를 모방하는 예술이 아니라 인간을 둘러싼 주변 환경을 연결시키고 물의 흐름, 바람의 움직임, 빛의 변화

빅스비 파크

와 같은 자연의 현상을 이해하며 인문학적 탐구를 통해 문화를 이해하는 방식을 가진 독자적인 예술이라고 말한다.

　그의 빅스비 파크Byxbee Park는 1987년 샌프란시스코 만의 쓰레기 매립지 위에 만든 것으로, 40에이커의 부지에 자생 야생초만으로 식재되어 있다. 공원 위 여러 개의 둔덕은 인디언들의 조개 무덤을 상징하고 쓰레기 매립지라는 부지의 산업적 맥락을 반영하고 있다. 열 지어 박혀있는 기둥들은 샌프란시스코 만의 폐기된 부두 말뚝들을 연상시키며 그림자를 통해 태양의 이동과 시간을 경험하게 함으로써 대상지의 원형과 부지의 역사를 상징한다. 생태적이면서도 문화적인 이슈들을 절묘하게 결합하고 있는 것이다.

하그리브스가 설계한 캔들스틱 파크Candlestick Point Culture Park는 넓은 샌프란시스코 매립지에 만든 대규모 공원으로, 그는 이 장소의 고유한 특성을 이해하기 위해 물과 바람의 움직임을 세밀히 관찰하면서 샌프란시스코 만의 강한 바람을 적극 사용하여 공원의 중심 주제로 삼았다.

하그리브스와 필자가 공동 설계한 마곡 워터프런트 설계공모 제출작에서 제시한 자연은 조경가들이 흔히 시각적으로 보여주어 온 자연과는 판이하게 다른 자연이다. 경계가 구불구불하고 구성이 정돈되지 않은 자유로운 형태의 자연이 아니라, 간결하게 디자인된 원형의 외곽선을 지닌 자연이다. 표면을 이루는 다양한 질료의 변화를 통해 자연의 겉모습을 모방한 것이 아니라 스스로 작동하고 문화와 연속적으로 반응하며 진화하는 일상 속의 자연을 추구하고자 했다.

PLAN KEY

1. RECREATION / SPORTS COMPLEX
2. MARINA
3. MARINA PLAZA
4. MARINA / KAYAK LAUNCH
5. PERFORMANCE LAWN
6. FOUNTAIN BASIN
7. FERRY TERMINAL
8. CONVENTION CENTER
9. EXPOSITION HALL
10. CONVENTION / EXPO ENTRY PLAZA
11. MIXED USE DEVELOPMENTS
12. STORM WATER BIO-SWALE GREENWAYS
13. HOTEL PLAZA / GARDENS
14. WATERFRONT PLAZA
15. SUBWAY STATION
16. OBSERVATION TOWER
17. RETAIL PROMENADE
18. BIO-SWALE TERRACES
19. RESIDENTIAL PIERS
20. ECOLOGY HABITAT ISLANDS
21. BIO-FILTRATION TRAYS / BOARDWALKS
22. STORM WATER BIO-SWALE PLAZA
23. GAYANG SUBSTATION / INFRASTRUCTURE FACILITIES
24. THE OLD DRAIN PUMP HOUSE / PLAZA
25. MAGOK RESERVOIR / ECOLOGY PARK
26. ECOLOGY BOARDWALK / PIERS
27. RENOVATED MAGOK PUMP STATION
28. CULTURAL / HABITAT TRAILS
29. YANGCHEON HYANGGYO(HISTORIC PLACE)
30. OLYMPIC HIGHWAY BRIDGE
31. YANGCHEON-GIL BRIDGE
32. MAGOK FLOODGATE (BELOW BRIDGE)

OLYMPIC HIGHWAY

HAN RIVER

SEONAM SEWAGE TREATMENT PLANT

OLYMPIC HIGHWAY

MT. GUNG

NEW MAGOK-RO

YANGCHEON-GIL

NEW MAGOK-RO

YANGCHEON-GIL

GANGSEO-RO

GONGHANG-RO

N
0 20 50

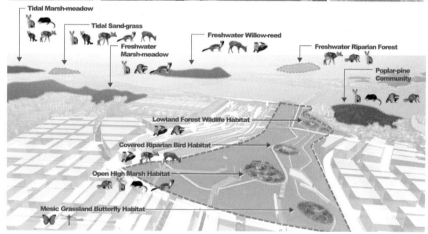

마곡 워터프런트 설계공모 출품작, 조지 하그리브스 + 그룹한

마이클 반 발켄버그

마이클 반 발켄버그Michael Van Valkenburgh는 뉴욕 맨해튼의 고급 주거 단지인 배터리 파크 시티Battery Park City 설계에서 자연 현상을 세심하게 관찰하여 시간의 변화에 따른 역동적인 자연 경관을 표현했다. 그는 어릴 적 뉴욕 주의 한 농장에서 농경 문화에 대한 많은 것을 이해할 기회를 얻었고 이후의 설계 작업에 큰 영향을 받았다. 티어드롭 파크Teardrop Park 석벽의 경우, 채석장에서 실물 모형을 만드는 지난한 작업 과정을 거쳐 원래의 자연 암벽처럼 연출했는데, 겨울이 되면 인공 관수 시스템에 의해 석벽이 거대한 얼음벽으로 변하여 장관을 연출한다. 또한 지형과 자연 소재를 활용한 슬라이드, 물 놀이터, 바위 놀이 정원 등이 자연 녹지 공간과 어우러져 방문객과 주민들로부터 찬사를 받고 있다.

티어드롭 파크

파리 외곽에 위치한 라 빌레트 공원Parc de la Villette은 도살장이었던 부지를 공원으로 탈바꿈시킨 프로젝트의 산물이다. 1980년대에 진행된 국제 설계공모는 건축, 도시, 조경을 막론하고 큰 주목을 끌었으며, 당선작인 베르나르 추미Bernard Tschumi의 작품은 화제를 몰고 다녔다. 공원 완공 후, 이전까지의 공원의 모습과 확연히 다른 라 빌레트의 새로운 디자인에 대해 공원 설계 전문가를 자임하던 조경가들은 놀라움과 충격을 금하기 어려웠다. 기능적 분류에 의한 조닝과 클러스터링으로 대표되는 종래의 설계 방식은 공간에 고정된 기능과 의미를 부여함으로써 변화하는 시간성에 대응하지 못하는 한계를 지닌다. 추미의 라빌레트는 점, 선, 면으로 구성된 다차원 공간의 구성으로 이러한 한계를 극복하려 한다.

그는 "라 빌레트는 자연의 복제품이 아니라 현재진행형의 산물이며 끊임없이 변화할 것이다. 그 의미는 결코 고정되지 않으며 그것이 담고 있는 다양한 의미로 인해 항상 유예되고, 달라지며, 불분명하게 드러난다"고 말한다. 라 빌레트 공원의 성과는 이전까지 유행했던 '전원적 자연 공원'을 '도시적 문화 공원'으로 변화시켰다는 데 있다. 하지만 후일 비평가들은 추미가 건축적 스케일의 사고로 공원을 구성함으로써 점, 선, 면으로 이루어진 구성적 의미를 실제 스케일의 공원에서는 읽을 수가 없고, 결국 공원이 주는 시각적 감흥과 의미의 일치를 보여주고 있지 못하다는 비평을 하기도 했다.

라 빌레트 공원

라 빌레트 공원

렘 콜하스Rem Koolhaas가 설계한 라 빌레트 공원 설계공모 2등작은 자연에 대한 새로운 해석과 해법을 명료하게 보여준다. 10가지 패턴을 가진 43개의 띠가 서로 평행하게 대지 전체를 점하고 있다. 각 패턴에는 특정 프로그램이 할당되어 있고, 그 배치는 몇몇 예외를 빼고는 대체로 무작위적이다. 어찌 보면 어처구니없을 정도로 무성의해 보이는 이 배열은 무엇을 위한 것인가? 콜하스 자신의 명시적 설명은 다음의 두 가지다. 첫째, 일반적 도시계획의 프로그램 집중이나 클러스터링을 거부하기 위한 것이라는 것, 둘째, 최대한의 경계를 만들어냄으로써 최대한의 프로그램적 변종을 의도한다는 것이다. 그는 이 작품을 통해 관례화된 회화적 공원 양식에 도전했다. 또한 인공-자연, 건축-조경의 이분법을 해소하기 위해 자연을 문화의 반대 극단에 위치시키지 않고 문화와 역동적으로 만나는 삶의 현장으로 끌어들이고자 했다.

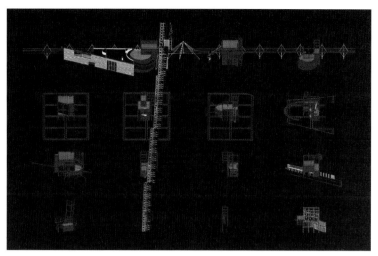

베르나르 추미의 라 빌레트 설계안.
점·선·면으로 구성된
다차원 공간 구성을 선보였다.

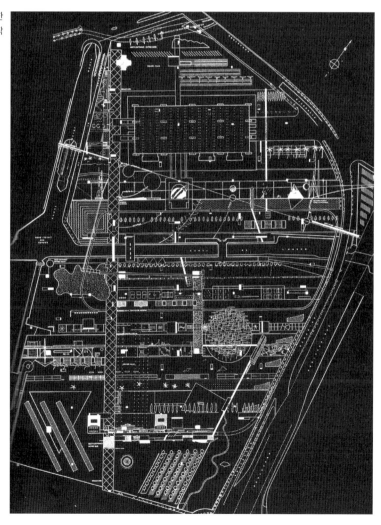

렘 콜하스가 설계한
라 빌레트 공원 설계공모 2등작

그룹한이
추구하는 자연

2006년 그룹한의 행정중심복합도시 중앙녹지공간 국제 설계공모 제출작은 자연과 인간의 이원화를 극복하고 삶의 일상에서 자연과 문화의 접점을 찾아 역동적으로 생동하는 공원을 설계하고자 한 시도였다. 공원 전체를 하나의 살아있는 거대한 유기체로, 즉 자연의 변화와 시간의 흐름에 따라 스스로 작동하고 움직이는 시스템을 목표로 삼고, 수퍼오가닉superorganic을 설계 아이디어로 제시했다.

그룹한의 행정중심복합도시 중앙녹지공간 설계공모 출품작.
공원 전체를 하나의 살아있는 거대한 유기체로 작동시키고자 '수퍼오가닉'을 설계 아이디어로 제시했다.

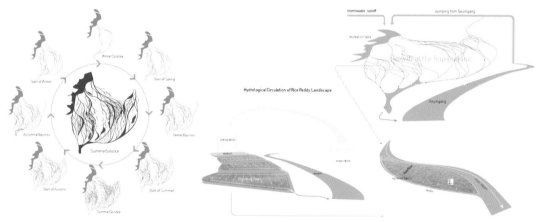

크고 작은 물줄기들이 사계절의 강수량 변화에 따라
시시각각 변화하는 풍경을 연출한다.

전통적 농사 절기인 24절기의 미묘한 계절 변화를 대상지 전체의 수문 시스템에 도입하고 수많은 크고 작은 물줄기들이 사계절의 강수량 변화에 따라 시시각각 변하는 풍경을 연출한다. 건조기인 겨울에는 몇 줄기의 메인 스트림만 유지되다가 여름 장마기에는 실핏줄처럼 수많은 작은 물줄기들로 팽창한다. 연중 사계절의 흐름에 따라 마치 심장의 박동처럼 공원이 역동적으로 변한다. 물의 생성과 흐름에 대한 해법은 선조의 지혜가 담긴 천수답의 수문 시스템에서 얻었다. 넓고 좁은 수많은 실개울과 도랑들은 수변에 조성된 서로 다른 조합의 다양한 식생

대와 결합하여 크고 작은 동식물들의 서식처가 되고 사람들에게는 다양한 친수
공간 프로그램을 제공한다. 식재는 전통적인 숲 개념에서 벗어나 참여와 공존, 회
복과 정화, 재생과 기다림 등 문화와 자연이 공존하는 프로그램으로 계획되었다.
또한 세종시의 유입 인구와 도시 발전의 단계에 따라 다양한 공원 프로그램과 인
프라가 단계적으로 조절되는 전략을 수립했다.

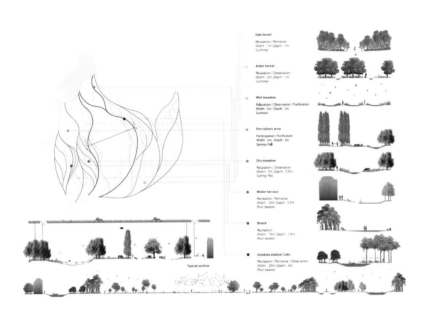

2012년 시흥 배곧 신도시 중앙공원 설계공모에서 그룹한은 인간에 의한 개발로 훼손되고 폐기된 해안 매립지를 다시 자연의 숨결이 살아 숨 쉬는 생명 공원으로 탈바꿈시켰다. 배곧 매립지는 간척에 의한 매립이 진행되기 전에는 오랜 시간 동안 바람결, 숲결, 물결, 그리고 생명이 있는 바다였다. 그러나 매립에 의해 바다의 기억이 사라지고 역동적인 해안선은 단순해졌다. 그룹한의 당선작은 급격한 변화의 흐름 속에서 사라져간 바다의 기억을 회복하고자 갈대, 섬, 갯벌, 바람, 나루, 안개, 해송, 낙조 등 여덟 가지 바다의 기억을 테마로 설정하고, 매립에 의해 직선화된 6km의 호안을 굴곡진 12km의 다이내믹한 호안으로 바꾸었다. 또한 수변에 철새와 물고기가 돌아오고 사람들이 오랫동안 즐기고 머물 수 있도록 숲, 바람, 물의 미기후를 조절하여 쾌적한 프롬나드를 조성했다. 설계 대상지의 핵심부인 중앙공원은 서해에서 급격하게 나타나는 조수간만의 차를 이용하여 해수

그룹한이 설계한 '배곧 신도시 중앙공원 설계공모' 당선작 조감도
(추후 중앙공원은 '배곧생명공원'으로 최종 명칭이 결정되었다)

관로를 연결하고 바닷물을 공원 내로 끌어들여 담수와 기수, 해수가 만나는 복합적 생태계를 구성했다. 이런 설계 전략 하에 배곧 매립지에는 인공 에너지의 사용 없이 자연 에너지만으로 시시각각 변화하는 수 경관을 연출하고 다양한 연안 생물이 서식할 수 있는 환경이 조성되었다.

서해에서 급격하게 나타나는 조수간만의 차를 이용하여
해수 관로를 연결하고 바닷물을 공원 내로 끌어들여
담수와 기수, 해수가 만나는 복합적 생태계를 구성했다.
(이하 사진 모두 '배곧생명공원')

인간에 의한 개발로 인해 훼손되고 폐기된 해안 매립지를
다시 자연의 숨결이 살아 숨 쉬는 생명 공원으로 탈바꿈시키고자 했다.
바람결, 숲결, 물결, 그리고 생명이 다시 살아나는 바다를 꿈꿨다.

주 진입부에서
해수 생태 연못으로 가는 동선

이제 자연에 대한 조경가의 태도를 바꿀 때다. 자연의 생태적 변화와 그 내면의 작동성을 도외시한 채 자연이 보여주는 외양만을 모방하여 구불구불하게 흐트러진 숲의 외곽선을 예쁘게 그려 놓고 자연이라고 포장하면서 오직 조경가만이 자연을 설계할 수 있다는 착각에서 벗어나야 한다. 자연의 겉모습에 집착하는 관례를 자각하고 반성해야 한다. 우리의 삶과 일상에서 동떨어진 정태적인 자연이 아니라 변화하고 역동적인 자연, 문화적인 자연을 구축해야 한다.

인공 에너지의 사용 없이 자연 에너지만으로
시시각각 변화하는 수 경관을 연출하였고
다양한 연안 생물이 서식할 수 있는 환경을 조성했다.

호수 옆에는 공연이나 행사 등을 위해 넓은 공터를 비워두었다.

II

과학과 예술

조경은 과학인가
예술인가

대학에 입학했을 때 선배들로부터 들은 조경의 정체는 '종합과학예술'이었다.
좋게 해석하면 과학적 기술로 무장하고 예술적 감성까지 보유한
천하무적의 종합 학문인 것이다. 하지만 졸업 후 실무에 첫발을 내딛는 순간
곧 정체성의 혼란을 경험하게 된다. 건축, 구조, 토목, 기계, 전기 등과 같은
엔지니어링 분야와 함께 프로젝트를 진행하다 보면
우리가 과학이라고 주장하는 조경 분야의 이론적 깊이가 얼마나 부실한지
금방 깨닫게 된다. 그들이 내세우는 수학 공식처럼 딱 답이 나오는 이론 앞에서
조경은 언제나 약자다. 또한 멋있는 디자인으로 예술적 감각을 뽐낼라 치면
발주처 높으신 분들의 고매한 안목과 우리의 빈약한 설득력으로
금세 도루묵이 되기 십상이다. 과연 우리는 태평양 이쪽에서 저쪽만큼이나
멀기만 한 것 같은 과학과 예술 중 어느 쪽에 줄을 서야 할까?
조경가라면 모두가 한 번쯤 고민했을 것이다.

과학적 조경 이론의 선구자
이안 맥하그

1920년에 스코틀랜드에서 태어나 제2차 세계대전에 참전하기도 했던 이안 맥하그는 1946년부터 1949년까지 하버드 대학교에서 조경과 도시계획을 전공했다. 졸업 후 그는 한동안 글래스고와 에든버러에서 강의했으며, 1954년에 미국 펜실베이니아 대학교의 조교수가 되었다. 1969년『디자인 위드 네이처』를 출간하면서 과학적 방법론을 기반으로 한 조경 계획 이론을 정립하여 조경학의 새로운 패러다임을 선도했다. 그는 장식적 조경 설계를 비판하며 자신이 창안한 생태적 계획 방법을 바탕으로 한 합리적이고 분석적인 동시에 객관적이고 과학적인 조경 계획이 조경의 이론과 실무 기반을 지탱해 주고 조경의 정체성을 확립하게 할 수 있

이안 맥하그

다고 주장했다. 그는 기상, 지질, 수문, 수질, 토양, 식생, 동물 등의 환경 요소를 부문별로 조사 분석하고 각 도면을 중첩시켜 종합적 매트릭스matrix를 만드는 방법으로 과학적 조경의 가능성을 보여주었다. 그의 과학적 접근 방식은 1970년대와 1980년대의 조경에 지대한 영향을 미쳤다. 처음에는 혁신적이었던 생태적 조경 계획 이론은 이후 일반적인 이론으로 보편화되었다.

『디자인 위드 네이처』 초판본 표지

20년 넘게 조경의 주류 이론으로 자리 잡았던 맥하그의 계획 방법론은 조경의 창조적 측면을 강조한 젊은 조경가들의 도전을 받는다. 예를 들어 순수 미술에서 영감을 얻은 마사 슈왈츠Martha Schwartz와 조지 하그리브스와 같은 1980년대 말의 신진 조경가들은 미적 가치를 추구하는 전위적 조경 작품들을 통해 맥하그의 과학적 생태 계획에 반기를 들었다. 그들은 맥하그의 생태학적 분석 과정이 계획 과정에서 인간과 문화를 배제시킨 또 다른 형태의 환경결정론이라고 주장했

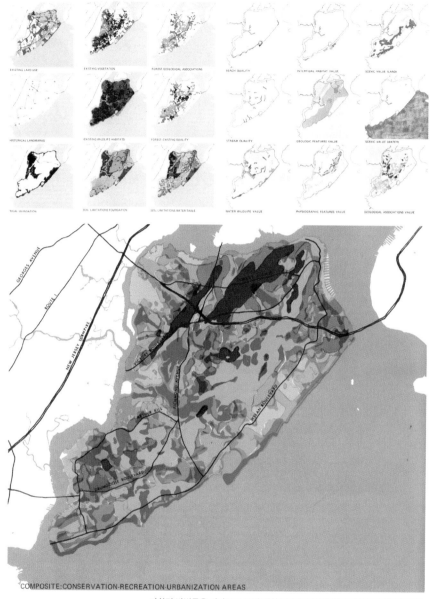

과학적 방법론을 기반으로 조경 계획 이론을 정립한 이안 맥하그의 현황분석도.
그는 『디자인 위드 네이처』를 통해 합리적이고 분석적인 동시에 객관적이고 과학적인
조경 계획의 가능성을 보여주었다.

다. 이들의 후원자 격인 조경가 피터 워커Peter Walker는 생태학적 접근은 디자인이
아니라고 주장하며 감성적이고 직관적이며 신비적인, 예술 지향적 조경의 중요성
을 강조했다.

브라운필드의 해결사
니얼 커크우드

하버드 대학교 디자인대학원GSD의 니얼 커크우드Niall Kirkwood 교수는 학교 내 기술환경센터CTE 설립을 주도했고, 브라운필드brownfield에 대한 과학적 연구와 실무를 진행해 왔다. 그는 전문 정원사이자 원예가로 활동한 할아버지로부터 조경에 대한 애정을 물려받았으며, 스코틀랜드에서 나고 자라면서 예술, 인류학, 영문학, 사회과학, 자연과학 등 다양한 분야에 관심을 가졌다. 여러 분야의 지식을 필요로 하는 조경은 어쩌면 그에게는 천직과도 같았다. 하버드에서 2000년부터 브라운필드 실습을 강의하면서 브라운필드의 환경·사회·문화·개발 이슈들과 그 배경을 다루는 접근 방식을 연구하고 있다.

커크우드의 연구에 따르면, 현재 미국에는 45~60만 개, 248,000km²에 달하는 브라운필드 지역이 있으며, 세계의 325억 에이커의 땅 중에서 32.2%가 오염된 황무지이거나 불모지다. 지난 15년간 연구를 통해 그가 제시한 대안은 쓰레기 매립지, 가스공장 지대, 섬유산업 지대, 철도 부지, 군 이전적지, 묘지, 제조산업 지대 등의 브라운필드를 환경 정화, 시장 발전, 커뮤니티 활성화, 지역 성장, 중간 단계의 계획, 공공 위생과 지속가능성, 탄소제로 라이프 스타일LOHAS 등 7단계 과정을 거쳐 해결해 나가는 것이다. 또한 그는 브라운필드 전문가는 각 도시에 분포된 브라운필드의 정확한 수치 조사와 함께 브라운필드를 통해 바꿀 수 있는 지역 경제·환경·커뮤니티를 반드시 고려해야 하며, 지구 오염, 토지 은행, 현명한 쇠퇴, 기후 변화, 인구 이동, 새로운 기술, 지역의 브라운필드, 격식 없는 도시 등에 대해 통합적으로 고려할 것을 주장한다.

커크우드 교수는 그룹한과 협업한 2012년 용산공원 설계 국제 공모에서 오염된 땅인 주한 미군기지 내의 토양과 지하수의 정화site remediation 프로세스를 제시했다. 용산을 포함한 한국 여러 곳의 미

니얼 커크우드

브라운필드에 대한 과학적 연구와
실무를 진행하고 있는
니얼 커크우드 교수의 저서와
중국 탕산(Tangshan) 사례

군기지는 장기간의 점유와 관리 소홀로 오염되어 있다. 특히 용산 기지의 경우 대지 주변부에서 대지 밖으로 유출된 기름에 의한 토양 오염과 지하수 오염이 수차례 언론과 환경 단체에 의해 밝혀진 바 있고, 이에 따라 양국 간 정치적 긴장감이 오랜 기간 유발되어 왔다. 설계공모 당시에는 군사 시설 보호로 인해 현장 출입이 어려워 대지에 대한 면밀하고 체계적인 분석이 불가능했고 대지에 대한 정보도 매우 제한적으로 제공되었기 때문에, 주 오염원, 오염 유발 추정 건물들의 위치, 지하수위 등 기본 자료를 바탕으로 정화 시스템을 제안했다. 정화 전략은 식물로 토양을 정화하는 수동적 정화 방식부터 토양 세척과 같은 단기적이고 능동적인 방식까지 다양했다. 지하수위가 높을 경우 토양뿐만 아니라 지하수 오염도 예측되기 때문에 그에 따른 분산형in-situ 정화 방식을 적용했다. 대상지를 작은 단위로 분할해 각 땅의 오염물을 분석하고 모든 오염물을 분할된 단위 공간에서 처리하는 방식이다. 이 방식은 대지 외부의 정해진 매립지에서 처리하는 방식이나 대지 내 한 장소에 모아 처리하는 방식들과 다른 전략이다. 또한 능동적 정화 방식에 의해 에너지가 필요한 공간들은 독립적으로 에너지를 생산하기 위한 방법(태양 에너지, 풍력, 매립을 통해 발생하는 가스 에너지 등)을 동원하는 녹색 정화 방식을 적용했다.

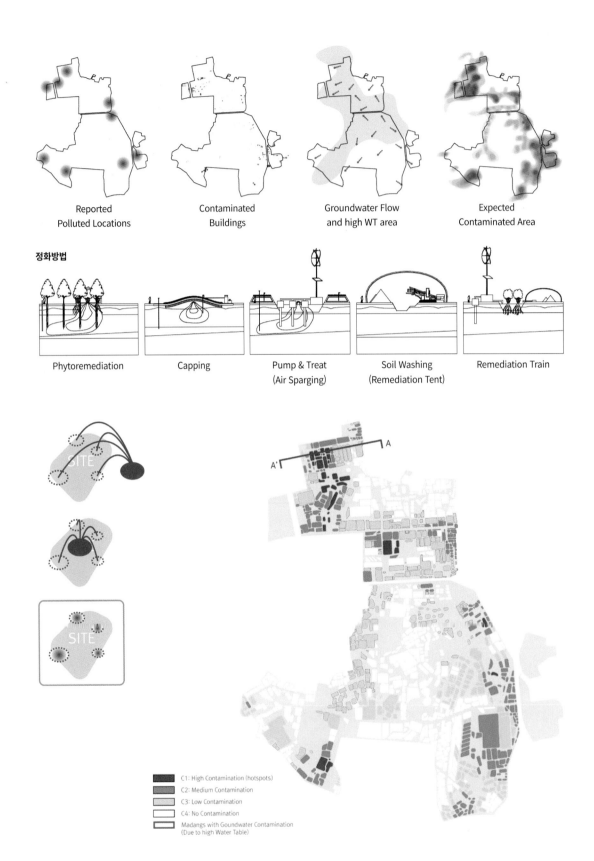

Reported
Polluted Locations

Contaminated
Buildings

Groundwater Flow
and high WT area

Expected
Contaminated Area

정화방법

Phytoremediation

Capping

Pump & Treat
(Air Sparging)

Soil Washing
(Remediation Tent)

Remediation Train

C1: High Contamination (hotspots)
C2: Medium Contamination
C3: Low Contamination
C4: No Contamination
Madangs with Goundwater Contamination
(Due to high Water Table)

용산공원 설계 국제공모 출품작에서 니얼 커크우드 교수와 그룹한이 함께 제시한
미군기지 내의 토양과 지하수 정화 프로세스

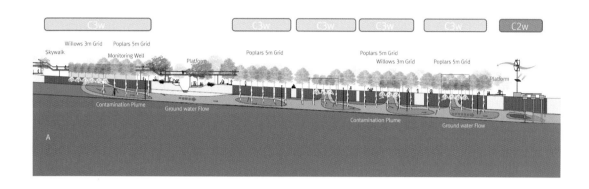

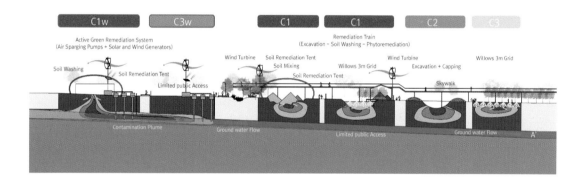

기후변화 시대의 과학적 조경 설계
레인가든

2011년 7월, 서울에는 시간당 최고 110mm 이상의 기록적인 폭우가 내렸다. 이틀간 431mm의 강우량을 기록하여 100년 빈도 강우량을 상회하는 강우가 발생했다. 비슷한 시기 일본 고치 현에서는 태풍으로 인해 하루 동안 850mm 이상의 비가 내리는 등, 기후변화로 인한 이상 기후 발생 빈도가 점점 증가하고 있다. 산업혁명 이후 화석연료의 사용 증가는 대기 중 온실가스 농도의 증가로 이어져 지구 온난화 발생의 한 원인이 되었다. 이로 인해 열파, 가뭄, 홍수 등 기상 이변 발생이 증가하고, 극지방의 빙하 면적 감소, 해수면 상승 등 지구의 물리·생태계 전반에

기후변화로 인한 기록적인 폭우 등 이상 기후 발생 빈도가 높아지고 있다.

걸쳐 변화가 일어나고 있다. 우리나라의 기후변화 진행 속도는 세계 평균을 상회한다. 지난 100년(1906~2005년)간 6대 도시 평균 기온은 약 1.5℃ 상승했으며, 강우패턴의 변화로 침수 등에 의한 피해액도 지속적으로 증가하고 있어 기후변화 대응 전략의 마련이 시급한 실정이다.

독일을 비롯한 유럽의 선진국들은 이른바 '빗물세' 도입 등 이미 빗물 관련 정책을 시행하고 관련 산업도 활발히 성장하고 있는 추세다. 1999년 5월에는 미국에서도 클린턴 대통령이 지속가능한 개발 위원회를 대통령 직속 기관으로 두어각 도시에 녹색 인프라green infrastructure 구축 계획을 수립하도록 했다. 오바마 대통령은 2009년 대통령령으로 빗물 관리 가이드라인을 작성하도록 미국 환경보

저영향개발(LID)을 위한 대상지 계획 예시

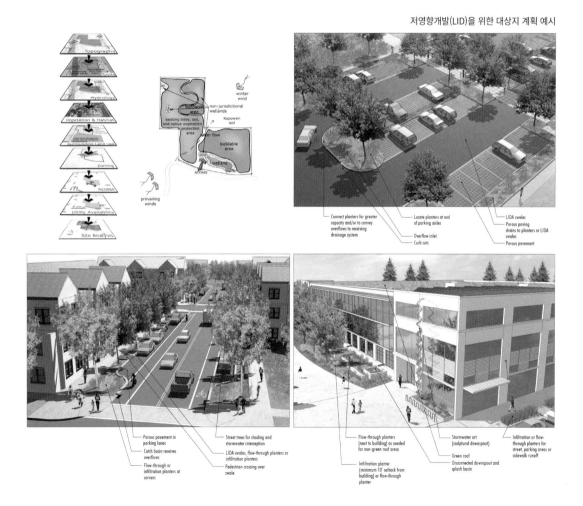

호청EPA에 지시했다. 상하원 의원들은 주 정부와 지방 정부 그리고 기타 단체가 유출수 수질 및 수량 관리를 위해 녹색 인프라 시설을 계획·설계·적용할 경우 보조금을 지급받을 수 있도록 하는 녹색 인프라 법안을 의회에 제출했다. 2010년 뉴욕의 녹색 인프라 계획NYC Green Infrastructure Plan: A Sustainable Strategy for Clean Waterways을 시작으로 미국 전역의 대도시로 확대되고 있다. 이는 향후 20년 동안 전체 불투수 면적의 10%에서 발생하는 초기 우수 1인치를 녹색 인프라를 통해 저류, 침투시키는 것을 골자로 약 24억 달러를 투자하는 계획이다. 미국조경가협회ASLA는 녹색 인프라를 장려하는 이 법안을 적극 지원하고 있으며, 이를 통해 물 순환 체계를 보전하고 하천 수질을 개선하며 생태적으로 건전하고 지속가능한 조경 공간을 창출하고 도시를 형성하는 조경가 본연의 임무를 충실히 하고 있다.

동시에 하천 수질 개선 및 수자원 보전, 도시 물 관리 분야로 업역을 넓히는 데도 총력을 기울이고 있다. 우리나라 또한 급속한 기후변화에 대응하는 녹색 인

오리건 컨벤션센터 레인가든

포틀랜드 공항 내
항공항만청사

프라 구축이 필요하며, 관련 정책과 산업에서 조경가의 선도적 노력이 절실하다.

도시 물 관리의 선구자인 캐럴 메이어 리드Carol Mayer Reed는 오하이오 주립 대학교에서 인테리어를 전공한 후 유타 주립 대학교에서 조경학 석사 학위를 받았으며, 1977년 포틀랜드에 정착한 후 그래픽 디자이너인 남편 마이클 리드와 함께 지금의 회사 메이어/리드를 창립했다. 미국 북서부 해안 지역을 중심으로 조경, 도시설계, 시각디자인 실무를 해오고 있으며, 마이크로소프트, 휴렛팩커드, 나이키 등 유수 대기업의 본사 캠퍼스, 포틀랜드의 이스트 뱅크 수변 공원과 다운타운 트랜짓 몰 프로젝트로 ASLA상을 수상했다. 오리건 컨벤션센터에 조성된 레인가든rain garden은 녹색 인프라스트럭처의 대표적 초기작으로 평가받고 있다.

오리건 컨벤션센터 레인가든은 97m² 규모로, 소와 여울, 자갈과 화산암이 다양한 식물과 어우러져 극적 풍경을 연출할 뿐만 아니라, 5.5에이커에 이르는 옥상으로부터 집수되는 다량의 빗물을 매우 효과적으로 처리한다. 특별히 설계된 세 군데 방수구에서 뿜어져 나오는 물은 폭포가 되어 경사진 석재 배수로로 쏟아진다. 계단식으로 조성된 일련의 방수 처리 되지 않은 침전 연못들을 거치며 빗물은 지하 토양으로 스며들게 된다. 연못 바닥의 자갈과 사초, 골풀, 붓꽃 등 습지식물들 표면에 번성하는 미생물은 오염 물질을 물리적으로 거르고 생물학적으로 처리한다. 이 식물들은 최소한의 관수로도 유지 관리할 수 있다. 각 연못이 일정한 양의 빗물을 저류하면서 자연적으로 침투되거나 증발되는데, 정확한 분배량은 산정하기 힘들다고 한다. 다만 최종 방류되는 빗물의 수질이 훨씬 향상된다는 것은 분명하다. 2003년에 완공된 이 레인가든은 25년 주기 홍수량을 처리하도록 설계되었다. 옥상뿐만 아니라 컨벤션센터의 트럭 주차장에서 집수되는 오염된 빗물 또한 기름 분리 장치를 거쳐 205피트의 바이오 스웨일bio swale을 통해 정화된 후, 최종적으로 레인가든에 합류된다.

기후변화를 고려한 그룹한의 과학적 설계
미사강변센트럴자이

강우 패턴의 변화로 침수 등에 의한 피해가 지속적으로 증가하고 있는 우리나라에서 주거 비율의 60% 이상을 차지하고 있는 아파트 단지의 기후변화 대응 기술은 점점 중요한 이슈가 되고 있다. 특히, 외부 공간 전체를 디자인하는 조경 분야에서 기후변화 대응 전략의 중요성이 더욱 높아지고 있다.

신도시인 미사강변의 한가운데 위치한 총 1,222세대 규모의 미사강변센트럴자이는 계획 초기부터 전 지구적으로 중요한 이슈가 되고 있는 '기후변화에 대응하는 조경'이라는 콘셉트로 하버드 대학교의 니얼 커크우드 교수와 그룹한이 협력해 설계한 프로젝트다.

외부 공간 설계의 메인 콘셉트는 물 중심의 디자인을 모토로 한 '디자인 위드 워터Design with Water'로, '다섯 계절의 생활5 Seasons Living'을 추구하는 것이다. 이안 맥하그가 그의 저서 『디자인 위드 네이처』에서 보여준 조경 디자인 방식에서 나아가 최근 기후 변화 시대의 중요한 요소인 '물'을 중심으로 전체 디자인 과정을 끌고 가는 프로세스에 주안점을 두었다. '물'은 주거단지에서 주민들의 건강과 거주 환경의 질을 높이는 데 중요한 요소이며, 대상지를 특별한 아이덴티티를 가진 주거단지로 브랜딩 하는 데 크게 기여할 수 있다. 우리는 물을 관리하고 물을 디자인하는 과정을 통해 경관만을 디자인하는 데 그치지 않고 주민들의 새로운 라이프스타일, 그리고 생명이 살아 있는 지속가능한 환경을 동시에 디자인하고자 했다. '다섯 계절의 생활'은 봄, 여름, 가을, 겨울에 더해진 다른 한 계절을 의미하는 것이 아니라 건강, 환경, 자기개발, 지속가능한 삶을 의미하는 상징적 수사다.

보통 아파트 단지의 조경 설계를 진행할 때, 건축에서 주동 배치를 결정한 후에 조경에서 주요 외부 동선과 주제 공간을 그리는 순으로 계획하는 것이 일반적이다. 이 프로젝트에서는 모든 과정이 우수 유출의 지연 시스템과 저류, 그리고 원활한 침투를 위한 디자인 프로세스로 진행되었다. 먼저 대상지의 레벨을 파

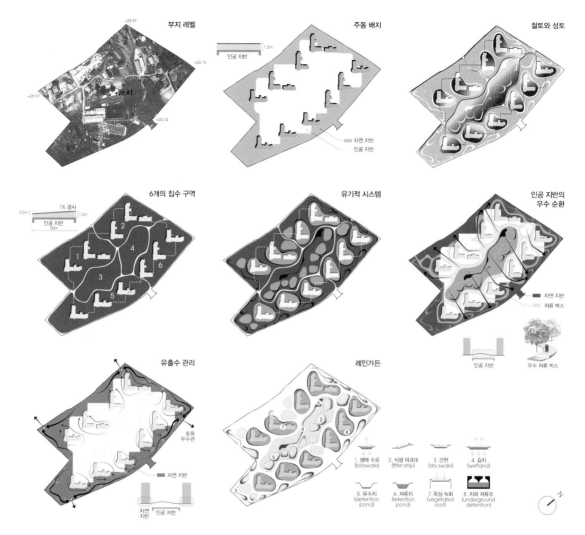

부지 레벨   주동 배치   절토와 성토

6개의 집수 구역   유기적 시스템   인공 지반의 우수 순환

유출수 관리   레인가든

미사강변센트럴자이는 모든 디자인 프로세스가 우수 유출의 지연 시스템과 저류,
그리고 원활한 침투에 초점을 맞춰 진행되었다.

악하고 인공지반 구역과 자연지반 구역을 구분한 다음, 유출수의 흐름이 원활
하도록 미세하게 절·성토량을 조절하여 부지 레벨을 정리한다. 그다음 단지 외
부로 배출되는 토목 우수관로의 위치를 기반으로 부지를 여러 개의 집수 구역
watersheds으로 나눈다. 인공지반 위의 빗물은 셀cell 모양으로 잘게 나눠진 레인
가든과 연못, 보도 하부의 저류 박스에 일차적으로 저류되고 서서히 땅속으로 침
투되거나 우수관으로 배출되도록 하여 우수의 유출 시간을 지연시킨다. 셀 모양

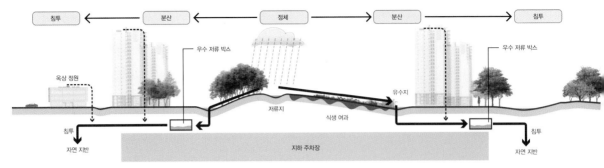

침투 ← 분산 ← 정체 → 분산 → 침투

옥상 정원
우수 저류 박스
우수 저류 박스
침투
침투
자연 지반
저류지
식생 여과
유수지
자연 지반
지하 주차장

인공 지반 강우의 우수 유출 프로세스

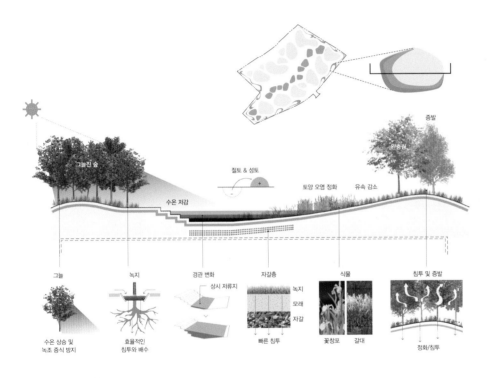

증발
완충림
그늘진 숲
절토 & 성토
토양 오염 정화
유속 감소
수온 저감

그늘
녹지
경관 변화
자갈층
식물
침투 및 증발
상시 저류지
녹지
모래
자갈
수온 상승 및
녹조 증식 방지
효율적인
침투와 배수
빠른 침투
꽃창포
갈대
정화/침투

스펀지 시스템

의 레인가든은 비가 일시적으로 많이 올 때는 빗물을 저장하여 우수 유출 부하
를 줄이고, 비가 그치면 천천히 땅속으로 빗물을 침투시켜 토양에 지하수를 지속
적으로 공급함으로써 수목의 생장을 돕게 된다. 한편, 단지 외곽으로는 친환경 자
연 흙길로 숲 속 산책로를 만들어 산림욕을 즐길 수 있으며 주민들을 위한 작은
텃밭을 조성했다.

녹지대에 조성된 레인가든

단지 중앙을 가로지르는 생태 계류

우수를 차집해 수원에 물을 공급하는 생태 연못

빗물을 일시 저류하여 유출을 지연시키고
서서히 땅속으로 침투시키는 빗물 침투형 화단

LID 설계를 적용한 기후변화 대응형 생태 조경 단지

예술 지향의 조경
피터 워커

한편 맥하그의 생태학적 조경 계획 이론에 반기를 들고 보다 감각적이고 시각적인 예술로서 조경을 추구한 또 다른 부류가 있다. 예술 지향의 조경을 대표하는 피터 워커는 1932년 캘리포니아에서 태어나 버클리 대학교 조경학과를 졸업한 후 로렌스 헬프린의 사무실을 거쳐 하버드 대학원을 졸업하였다. 이후 스승인 사사키와 함께 오늘날 SWA 그룹의 전신인 사사키 워커 앤드 어소시에이츠Sasaki, Walker and Associates를 세워 작업하면서 합리적 방식의 사사키와는 대조적으로 감각적 디자인을 추구하며 서로 보완 관계를 유지했다. 워커는 1975년부터 하버드 디자인 대학원의 교수로 재직하면서 조경과 예술에 대한 연구와 실험에 힘을 쏟았다. 이후 SWA 그룹에서 나와 아내 마사 슈왈츠와 함께 공동 설계사무실을 열었다가 1990년에 서로 분리하여 각자 독립된 사무실을 운영하고 있다. 그의 작업은 모더니즘의 합리성보다는 직관을 중시하고, 기능보다는 시각적 예술성이나 상징성을 추구했다. 건축 형태에 대응할 만한 강한 시각적 효과를 지닌 작품을 생산해 왔다. 그는 자신의 중심 개념을 공간의 '제스처gesture', '평면성flatness', '연속성seriality'이라 말한다. 또한 조경 설계의 성과가 작품으로 인정받기 위해서는 작품에 내재된 내적 질서가 필요하며 그 작품만의 개념이 명확해야 한다고 주장한다.

잔디와 물, 보도 등 극도로 단순한 요소가 강한 대각선 축을 이루는 피터 워커의 버넷 파크Burnett Park는 양탄자와 같은 수평 바닥이 수직 요소와 대조를 이루며 극적인 감동을 주고 공간 확장의 시각적 효과를 구현한다. 하버드 대학교의 한 중정에 조성된 태너 분수Tanner Fountain는 뉴잉글랜드 지방에서 가져온 159개의

피터 워커

화강암을 둥글게 배치해 장소성을 재현하고 경계 없이 무한 확산하는 우주의 이미지를 표현한다. 미니멀리즘 설치 미술에 가까운 이 작품은 견고한 존재의 상징인 바위와 유약한 무의 상징인 안개 분수를 통해 우주의 근원을 탐색한다.

버넷 파크

하버드 대학교 중정의 태너 분수

사우스 코스트 플라자

원과 같이 단순하고 강렬하며 확장성을 갖는 동심원 형태의 디자인은 워커의 사우스 코스트 플라자South Coast Plaza에서도 볼 수 있다. 스테인리스 스틸 밴드로 구성된 이 동심원의 쌍둥이 반사 연못은 몇 개의 작은 물너미와 연못으로 구성되어 있다.

일본 효고에 위치한 하리마 과학기술센터Center for Advanced Science and Technology 정원은 워커의 미니멀리즘을 단적으로 보여준다. 일본의 전통 명상 정원에서 영감을 얻은 이 작품은 일면 현대적이면서도 일본 전통의 비례와 세련미를 잘 표현하고 있다. 사이프러스 나무로 장식한 분화구 정원은 하리마 주변의 산들과 대조를 이룬다. 이소자키가 설계한 건축물 안마당에 조성된 두 개의 산은 하나는 돌로, 하나는 이끼로 덮여 있다. 이 조형 산들은 초현실적 스케일로 땅과 하늘 사이, 우주의 연결을 의미한다.

워커의 여러 작품에서 우리는 마치 추상 미술의 아버지라 불리는 바실리 칸딘스키Wassily Kandinsky의 추상화 '작은 흰색'(1928), 케네스 놀란드Kenneth Noland의 동심원 형태 추상 작품 '선물'(1961)을 연상하지 않을 수 없다. 아마도 워커는 아내였던 마사 슈왈츠의 영향으로 작품 구성에서 추상 회화의 영향을 많이 받았던 것으로 보인다. 베를린의 소니센터Sony Center는 피터 워커가 1992년 설계공모에 당선된 이후 진행한 작품이다. 막 구조물 아래에 펼쳐진 360피트 길이의 광장에 반달 모양 캐스케이드 반사 연못을 설치했는데, 이 연못은 지하층 영화관 로비 천정에 걸려 있는 독특한 디자인이다. 사람들은 투명 유리창을 통해 아래를 내려다 볼 수 있고 막 구조물 천장까지 깊이 있는 공간감을 느낄 수 있다.

하리마 과학기술센터

9.11 테러는 90여 개 나라 3,000여 명에 이르는 엄청난 희생자를 낳았다. 피터 워커는 편평함flat을 주 개념으로 상징 메모리얼을 설계했다. 세계무역센터가 있던 두 개의 사각형 부지에 밑으로 파인sunken 공간을 이용해 폭포를 만들고 떨어지는 물 뒤로는 희생자들의 이름을 석판에 새겨 넣었다. 한쪽 면은 전부 돌로 구성했고 그 반대편은 모두 나무를 심어 추모 공간이지만 동시에 공원의 역할도

수행할 수 있게 했다. 특히 그는 9.11 테러에서 가장 많은 희생자가 발생한 다섯 개 지역에서 나무 500그루를 공수했다. 고딕 양식의 아치처럼 수관 아래에 비스타가 형성되도록 각각 다른 높이의 나무를 편평하게 맞추고자 수목 가식장에서 일일이 성장 속도를 조절하기도 했다. 거대한 나무의 아이디어는 세계무역센터 빌딩의 나무 줄기 모양 건축 외관 디자인에서 따왔다.

베를린 소니센터

내셔널 9.11 메모리얼

내셔널 9.11 메모리얼

미니멀리즘 조경
마사 슈왈츠

피터 워커의 동료이자 아내였던 마사 슈왈츠는 미국 필라델피아에서 태어나 미시건 국립미술원에서 미술을 전공했고 하버드 디자인 대학원에서 다시 조경을 공부했다. 1982년 워커와 공동 사무실을 열었다가 1990년에 독립, 마사 슈왈츠 파트너스Martha Schwartz Partners를 운영하고 있다. 그녀는 순수 미술과 조경을 모두 공부하고 새로운 표현 방법과 탐구로 대지예술과 공공 공간의 조합을 성공적으로 이끌어냄으로써 예술 지향의 조경을 추구하는 조경가 중에서도 독보적인 주목을 받았다. 그녀의 설계 언어는 강렬한 색, 냉소적 유머, 구속받지 않는 상상력, 특이한 재료, 초현실적 스케일 등으로 표현되고 있다.

1997년 ASLA 어워드 수상작인 마사 슈왈츠의 제이콥 자비츠 플라자Jacob Javits Plaza는 지하 주차장 방수 공사와 함께 리모델링된 광장으로, 많은 사람이 이용할 수 있지만 번잡스럽지 않고 앞뒤 양면으로 등을 보고 길게 이어진 나선형의 긴 벤치에 앉아 도시락을 먹기도 하고 대화를 나누기도 하도록 설계되었다. 독특한 유기적 선형의 벤치 디자인과 프랑스 정원의 토피어리topiary를 모방한 둥근 마운딩으로 구성된 디자인은 그녀의 실험성과 기하학 취향을 단적으로 보여준다.

워싱턴 D.C.의 HUD 플라자도 지하 주차장 위의 광장을 리모델링한 프로젝트다. 슈왈츠는 단순한 원의 반복 패턴 디자인으로 그곳에 있던 정원의 스타일과 확연히 다른 광장을 만들어 냈다. 도넛 형의 둥근 캐노피는 나무가 없는 광장에 그늘을 제공하고, 토심을 고려해 초화류를 심기 위한 원형 플랜터가 앉음벽 높이를 고려해 디자인되었다. 도넛 모양의 원형 플랜터는 시타델 쇼핑센터Citadel Shopping Center에서도 볼 수 있

마사 슈왈츠

제이콥 자비츠 플라자

HUD 플라자

다. 열식된 야자수 아래의 하얀색 플랜터는 원래 이곳이 타이어 공장이었다는 과거의 기억을 전해주는 장치이기도 하다.

시타델 쇼핑센터

화이트헤드 연구소 옥상 정원

　　보스턴 인근에 위치한 화이트헤드 연구소 옥상 정원은 그녀의 탁월한 부지 해석과 기발한 상상력을 볼 수 있는 작품이다. 9층 건물 옥상의 중정인 이곳은 토심이 얕고 햇볕도 들지 않아 식물을 심기가 어려운 공간이었다. 마사는 이곳에 일본의 선정원zen garden에서 볼 수 있는 바위와 물결치는 자갈을 도입하고 또 프랑스 자수화단에서 볼 수 있는 토피어리를 가져와 두 스타일을 혼합했다. 모든 식물을 플라스틱 재질로 만들고 벽면을 녹색으로 밝게 칠해서 원래 장소가 가지고 있던 문제들을 해결할 수 있었다.

미네아폴리스 주청사 광장Minneapolis Courthouse Plaza 디자인은 미니멀리즘 스타일의 예술 지향적 작품이면서도 동시에 지역 고유의 자연 경관과 요소를 잘 표현한 작품이다. 마운딩과 통나무로 이루어진 광장 디자인은 미네소타 주의 문화와 자연의 역사를 반영한다. 통나무는 우거진 숲속에서 선조들이 나무와 함께 생활했던 과거의 기억을 상기시키고, 일본 정원 스타일로 축소된 마운딩은 미네소타 주의 구릉지와 초원을 상징한다.

미네아폴리스 주청사 광장

대지예술의 영향
조지 하그리브스

피터 워커와 마사 슈왈츠처럼 미니멀리즘 미술에 공감한 조경가들이 있는가 하면, 보다 광역적이고 큰 스케일의 예술 지향 조경을 시도한 조경가들도 있다. 조지 하그리브스는 1960년대 후반 미국과 영국에서 태동한 대지예술에 큰 영향을 받았고, 조경은 대지예술가들이 추구한 것들을 훨씬 더 잘해낼 수 있다는 확신을 갖고 다양한 실험작을 발표했다.

대지예술earthworks(또는 land art)은 종래의 미술 개념에 대한 반발에서 출발했으며, 반문명적 문화 현상이 뒤섞여 생겨난 전시장 밖의 새로운 미술이다. 대지미술은 자연물을 소재로 하거나 자연에 인공적 표현을 하는 작업으로, 대체로 규모가 크고 일시적 성격을 지녔다. 제작 과정이나 제작 행위도 예술로 인식되어 프로세스 아트process art라고도 불린다. 예술의 일시적 성격, 자연의 재인식, 자연 환경의 창조적 응용 등을 강조한 경우가 많다. 대표적인 대지예술가 중 한 명인 크리스토Christo는 거대한 규모의 공공 장소를 포장해 익숙한 공간을 낯선 공간으로 탈바꿈시키고자 퐁네프 다리, 베를린 국회의사당, 쾰른 성당 등을 천으로 감싸는 작품을 시도했다. 플로리다의 작은 섬들 주변을 분홍색 천으로 감싼 작업, 콜로라도의 계곡 사이에 천을 설치한 작업 또한 크리스토의 대표작 중 빼놓을 수 없다.

로버트 스미스슨Robert Smithson은 뉴저지 출신으로, 대지미술의 초기 개념을 제시한 작가다. 그는 미술관을 "문화의 감옥"이라 표현하고, 자유로운 창조를 위해 인위적이지 않은 야외 공간에서 대규모 창작 활동을 했다. 대표작인 '나선형 방파제Spiral Jetty'는 1970년 유타 주 솔트레이크시티의 소금 호수에 설치한 것으로, 길이 457m에 이르는 방파제를 6,650톤의 돌을 쏟아 부어 만들었다. 그는 오랜 시간에 걸쳐 방파제의 돌에 소금 결정이 형성되는 모습, 미생물의 번식, 침수 등으로 변화되는 방파제의 모습을 통해 대자연 앞에서 한없이 보잘 것 없는 인간의 모습을 조명하고자 했다. 또한 인간의 방해에도 불구하고 탁월한 회복과 치유

크리스토와 잔느 끌로드(Christo and Jeanne-Claude)의
대지예술 작품(퐁네프 다리, 몬테 이졸라, 센트럴 파크)

월터 드 마리아의 '번개 치는 들판'　　　　　　　　　　로버트 스미스슨의 '나선형 방파제'

력을 갖는 경이로운 자연의 모습을 예술 행위로 새롭게 드러내고자 하였다.

　대학에서 역사와 미술을 공부한 월터 드 마리아Walter de Maria는 미니멀리즘, 개념미술, 대지미술로 연결되는, 자연과 예술이 함께 어우러진 창조적인 상상 세계를 구현했다. 뉴멕시코의 광활한 사막에 높이 7m의 스테인리스스틸 봉 400개를 일정한 간격을 두고 설치한 '번개 치는 들판The Lighting Field'은 비바람이 몰아칠 때마다 번개의 섬광을 보게 해 준다. 동이 틀 때는 스테인리스에 반사된 빛의 향연을 감상할 수 있다. 드 마리아는 무한한 상상력을 통해 자연에 감추어진 비가시적 영역을 가시적 영역으로 이끌어냄으로써 대지예술의 극단을 보여주었다.

　대지예술에 영향을 받은 조지 하그리브스는 '열린 구성open composition'이라는 특유의 접근 방식을 통해 자연의 현상학과 부지 고유의 문화석 맥락을 표현하고자 했다. 그는 큐비즘이나 구성주의와 같은 20세기 초반의 구성 양식을 넘어 대상지와 그것을 둘러싸고 있는 환경, 문화, 역사에 대한 총체적 이해와 표현을 강조했다.

　포르투갈에서 개최된 1998년 세계 엑스포를 위해 조성된 리스본의 테호 트랑카오 공원Parque do Tejo e Trancao은 원래 쓰레기 매립장이었다. 하그리브스는 인근 도시의 재생 사업과 함께 이 땅의 잠재력을 극대화하기 위한 전략으로 테호 강과 트랑카오 강의 합류 지점에서 일어난 과거의 수문학적·지질학적 특성을 활용해 주름진 지형 패턴을 만들어냈다. 오염이 극심했던 강변은 생태적으로 회복되어 다시 시민의 다양한 활동이 일어나는 도시의 새로운 얼굴로 바뀌었다.

2009년에 개장한 마이애미 비치의 사우스 포인트 파크South Pointe Park는 하그리브스가 해안 사구를 대지예술로 복원해 예술적 감각이 풍부하게 된 이 지역의 상징 공원이다. 물결치듯 흐르는 모양으로 조작된 지형을 따라 길고 구불구불하게 조성된 보행로는 해안의 드라마틱한 경관과 함께 이 공원에 활기와 생명력을 불어넣고 있다.

테호 트랑카오 공원

사우스 포인트 파크

그룹한의
예술 지향적 조경

그룹한이 설계한 '연신내 물빛공원'은 사라진 옛 실개천의 흔적을 조형적 감각으로 살려낸 작품이다. 발원지의 모습을 여러 켜의 단면으로 자른 산 조형물로 연속적으로 표현했고, 지형의 높낮이를 유선형 계단참으로 구성해 그 사이로 작은 여울 참이 있는 실개천이 흐르도록 했다. 버스 정류장과 대로변의 차량 소음은 안개 분수가 피어오르는 투명 벽천의 폭포 소리가 차단해 주도록 했다. 서울시 조경상을 수상한 이 작품은 대상지가 지닌 실개천의 흔적을 찾아 현대적 조형 언어로 완성시킨 예술 지향적 조경의 하나라고 할 수 있다.

그룹한이 설계한 연신내 물빛공원

문래동 현대 홈타운의 캐스케이드

안산 고잔 푸르지오의 중정

'문래동 현대 홈타운의 캐스케이드' 조형 분수는 물과 조형 요소를 통합한 야외 조각 작품에 가깝다. 안산 고잔 푸르지오의 중정은 유럽풍의 자수 화단을 모방한 장식적 조형미를 가진 평면 구성작품에 가깝다.

일산 식사 자이의 조형 퍼걸러

'일산 식사 자이'에 설치한 조형 퍼걸러는 꽃잎을 확대해서 스케일을 과장한 작품으로, 꽃잎에 타공한 크고 작은 구멍들이 그늘을 제공하면서 바닥에는 햇빛의 방향에 따라 그림자가 변화하는 장관이 연출되고 있다. '상암 MBC 광장'의 타원형 광장 분수는 달걀 모양의 건물과 함께 하나의 거대한 조각 작품 역할을 한다. '블룸비스타'의 평면은 기하학적 추상화가 몬드리안Piet Mondrian의 구성 작품을 연상하게 한다.

일산 식사 자이의 어반 정글 쉘터

상암 MBC 신사옥

상암 MBC 신사옥의 타원형 광장 분수

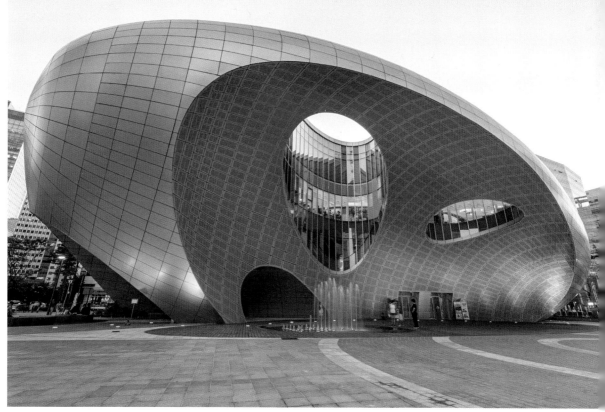

양평 블룸비스타의 평면

김포 신도시 주거단지 설계

영종 하늘공원 설계공모 제출작

동학농민운동 기념공원 설계공모 출품작

　'김포 신도시 주거단지' 설계와 '영종 하늘공원 설계공모' 제출작은 물의 흐름
과 바람의 방향, 바닷가 갯골과 사구의 모습을 재현한 일종의 대지예술이다.
　'동학농민운동 기념공원 설계공모' 출품작에서 시도한 연속적 파노라마 뷰는
공간의 상징성을 극대화하여 숭고하고 엄숙한 공원의 인상을 표현하기 위해 빛
의 변화를 공간에 생동감 있게 불어넣는다.

'동부산 관광단지 설계공모' 제출작에서 그룹한은 시시각각 변화하는 자연의 순간을 포착하고 자연 훼손을 최소한으로 함으로써 대상지 경관의 잠재성을 극대화한다. 잔잔히 부서지는 파도, 바닷바람과 함께 조용히 밝아오는 여명의 모습, 눈이 시리게 바다 위로 부서지는 햇살과 거친 바닷바람의 이미지가 한 폭의 풍경화를 연출한다.

동부산 관광단지 설계공모 제출작의 예시도

'부산 명지지구 공원 설계공모' 당선작은 생태학 이론과 대지예술을 결합한 통합적 작업의 사례다. 명지공원 부지는 원래 쓰레기 매립지였다. 그룹한은 '공생'이라는 설계 개념을 바탕으로 자연과 인간이 상생하는 치유의 공원을 설계안으로 제시했다. 낙동강 철새의 먹이인 새섬매자기 군락을 복원해 람사 습지의 등록 기준에 부합하는 조류 개체수를 회복하는 것을 목표로 삼았고, 강 하구 습지, 사

부산 명지지구 공원 설계공모 초기안 _ 수계

부산 명지지구 공원 설계공모 초기안 _ 동선

부산 명지지구 공원 설계공모 초기안 _ 도시경계

부산 명지지구 공원 설계공모 초기안 _ 식재

부산 명지지구 공원 설계공모 초기안

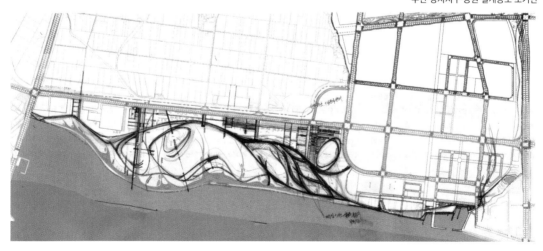

구, 물골의 수문학적·지형적 특성을 설계에 반영해 낙동강 하구 습지라는 정체성을 확고히 했다. 또 이러한 자연 회복 과정을 오랜 시간을 두고 체험하게 함으로써 시민들의 정신적·육체적 치유에 도움이 되고자 했다. 이 회복의 공간은 을숙도 생태공원 등 지역의 생태 자원들과 연계되어 보다 광역적인 네트워크를 형성하게 된다.

III

조경과 도시

조경은
건축과 도시의 조연인가
새로운 주인공인가

대다수 조경인들이 실무에서 겪는 딜레마 중 하나는 학교에서 배웠을 때와는 다르게
대규모 프로젝트를 수행할 때 조경이 프라임 컨설턴트가 되지 못하고
건축이나 도시 분야의 조연 역할에 그친다는 점이다. 건축의 역사야 인류의 탄생과
같이 시작했기 때문에 건축이 늘 주인공의 자리를 차지했다 하더라도,
사실 도시계획은 하버드 디자인대학원만 하더라도 조경학과에서 분리된 점을 보면
도시계획과 설계가 조경의 일부였다고 볼 수도 있다. 그러나 급속한 도시화로 인해
건축과 도시는 성장에 성장을 거듭하였지만 조경은 건축과 도시의 그늘에서
주변의 자투리나 치장하는 수준으로 전락했다. 하지만 최근에 와서는 이러한 사정에
큰 변화가 일어나고 있다. 전통적 고유 영역을 넘어 건축, 조경, 도시설계 사이의
경계가 허물어지고 여러 영역의 하이브리드를 지향하는
랜드스케이프 어바니즘landscape urbanism이 등장한 것이다.

랜드스케이프 어바니즘의
등장 배경

이러한 변화는 20세기 후반에 건축가들이 시도한 이른바 '경관적 건축landscaped architecture'과 관계를 맺고 있다. 경관적 건축에 영향을 끼친 중요한 배경은 프랑스 철학자 질 들뢰즈Gilles Deleuze의 '주름'론이다. 20세기 이후 자연과학이 발견한 사실들에 대해 철학적 통합을 시도한 그의 주름 개념은 공간 지각의 새로운 모티브를 제공했다. 들뢰즈는 물질의 존재 방식을 주름으로 정의하고 운동과 시공간 개념을 주름 운동에 따른 잠재성의 발현이라고 설명한다. 그에 따르면 유기적 공간은 물질의 주름이고 이벤트 공간은 시간의 주름이며 감성적 공간은 시각의 주름이다.

건축학자 콜린 로우Colin Rowe는 "근대 도시는 각기 분리된 단일한 오브제로 구성되기 때문에 과거 도시와 같은 유기적 관계가 실종되었고 시각적 안정성이 파괴되어 버렸다"고 근대 건축의 문제점을 진단한다. 그는 기계적 질서만을 강조하는 기존 건축의 강박관념이 비인간적이며 인식할 수 없는 환경을 낳았다고 비판하며 독자적 형상으로 맥락을 단절시키는 근대 건축에 저항했다. 또한 OMA를 이끄는 렘 콜하스는 "도시 전체가 서로 아무런 상관이 없는 여러 에피소드의 모자이크"라며 근대 건축에 대해 비평했다. 이러한 영향 속에서 경관적 건축이 건축을 '오브제'로 간주한 근대 건축 운동의 한계를 극복하기 위해 1980년대부터 시도되었으며 1990년 이후 본격화되었다.

'데이터스케이프Datascape'로 유명한 MVRDV는 다양한 경관적 건축의 실험과 연구를 통해 국제적으로 주목받았다. 1993년, 네델란드 로테르담에서 비니 마스Winy Maas, 야코프 판 레이스Jacob Van Rijs, 나탈리 드 프리스Nathalie de Vries가 창립한 MVRDV는 건물에 영향을 미치는 모든 정보, 즉 관련 법규, 경제성, 환경적 요구 사항 등을 조사해 데이터화하고, 주어진 환경을 연구함과 동시에 상상력을 발휘한 다양한 실험을 반복하면서 건축, 도시 및 조경 설계의 융합적이고 진보적인

VPRO 본사

WoZoCo 고령자 주택단지

독일 하노버 엑스포 네덜란드관

프로젝트들을 선보이고 있다. 독일 하노버 엑스포 네덜란드관⁽²⁰⁰⁰⁾을 시작으로 암스테르담에 소재한 공영 방송사 VPRO 본사, WoZoCo 고령자 주택 단지와 같은 초기 프로젝트의 성공에 이어, 한국에서도 안양 예술공원 전망대, 광교 파워센터 에콘힐, 강남 보금자리 아파트, 그리고 최근에 준공된 서울로 7017 등을 선보인 바 있다.

광교 파워센터 에콘힐

강남 보금자리 아파트

안양 예술공원 전망대

    경관적 건축의 표현 특성을 크게 프로그램, 공간, 형태, 재료 등 네 가지 측면에서 살펴볼 수 있다. 프로그램 측면에서는 비움void을 통한 유연한 공간, 개체와 전체의 관계 조정, 경계의 조절, 프로그램의 재해석, 다양성 부여와 같은 특성을 지닌다. 공간 측면에서는 의미를 재해석하여 바닥판을 연속시키고 경계를 조절하여 주변과의 관계를 통합하는 방식으로 전체성을 회복하는 특성을 가진다.

서울로 7017

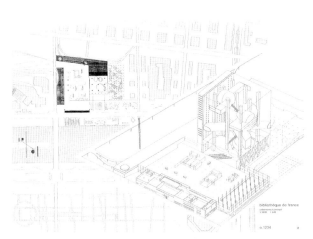

렘 콜하스의 프랑스 국립 도서관(National Library of France).
보이드 공간에서 사용자에 의한 프로그램 창출

다섯 개의 개체와 전체는
9개의 엘리베이터에 의해 연결

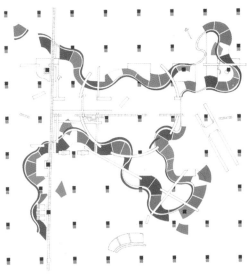

베르나르 추미의 라 빌레트 공원.
120m 간격의 점(폴리)
→ 공간 개념(아무 것도 의미하지 않는 건축) /
선 → 산책로 /
면 → 잔디밭, 정원, 수로, 유희장 등

사용자의 불확정적인 프로그램을 선택

형태 측면에서는 판의 조작을 통해 시각적 연속성을 추구하고 인공적 지형판을 구축하여 주변 환경과의 통합을 꾀한다.

렘 콜하스의 쥐시외 대학교 도서관
(Two Libraries for Jussieu University).
외부를 내부의 연속적인 흐름으로 계획, 공간의 연속

F.O.A의 요코하마 국제 항구 터미널
(Yokohama International Port Terminal).
바닥판의 조작에 의한 건축, 조경, 구조의
통합된 형태

에밀리오 암바스(Emilio Ambasz)의
후쿠오카 국제 홀(Fukuoka Perfectural
International Hall). 주변 조경의 외피화에 의한
조경과 건물간의 공간 모호성

재료^(구성 요소) 측면에서 경관적 건축은 순간적이고 일시적이고 내·외부 공간의 시각적 연속성을 가지며 이질 재료의 혼합 사용을 통해 주변 환경과 통합을 추구한다.

판의 조작(접힘, 주름)

이토 토요의 센다이 미디어테크(Sendai Mediatheque).
유동성, 투명성, 신체성

피터 아이젠만의 에모리 대학교 예술센터
(Center for the Arts, Emory University).
지형과 음악의 조작에 의한 비정형적인 형태 생성

랜드스케이프 어바니즘
표지

찰스 왈드하임

그러나 『랜드스케이프 어바니즘The Landscape Urbanism Reader』의 저자인 찰스 왈드하임Charles Waldheim은 경관에 초점을 둔 최근의 건축과 랜드스케이프 어바니즘을 혼동해서는 안 된다고 역설한다. "대지와 접합된 듯한 건축 스타일은 물론 흥미롭기는 하나 도시를 만드는 것과는 아무런 관계가 없으며, 실상 그 두 가지는 전혀 다른 담론이다. 랜드스케이프 어바니즘이 도시의 구조와 공간 및 변화 과정을 다루는 반면, 경관 위주의 건축은 주로 단일 건물 규모의 상대적으로 작은 공간과 관련된다"는 것이다.

랜드스케이프
어바니즘의
개념

1997년 찰스 왈드하임의 주도로 일리노이 대학교에서 개최된 심포지엄 "랜드스케이프 어바니즘" 이후, 경관을 종래의 회화적·양식적 관점에서 벗어나 도시의 인프라스트럭처와 시스템으로 이해하는 경향이 부상하기 시작했다. 이러한 랜드스케이프 어바니즘이 등장한 배경에는 급속한 산업화와 도시화 과정의 부산물인 포스트 인더스트리얼 부지, 브라운필드, 쓰레기 매립지 등 새로운 유형의 도시 프로젝트들의 증가가 있다. 이에 대응하기 위해 다른 방식의 접근 태도와 실천 방식이 필요하게 된 것이다.

도시의 교외화에 따른 급격한 도시 구조의 변화로 인해 이동보다 정주가 중심이었던 전통적 도시 구조와 다르게 교통과 운송이 매우 중요하게 되었고, 전기와 통신의 혁신적인 발달은 커뮤니케이션의 새로운 양상을 낳게 되었다. 생산과 소비는 지역local의 범위를 넘어 대륙을 이동하는 수준의 광역적 형태로 발전하였고, 이전에 존재하지 않았던 새로운 물류 경관logistic landscape이 등장하기도 했다. 따라서 도시에서 공간적 경계보다 인프라스트럭처와 물질의 흐름이 중요해지고 형태적 관점의 도시가 아닌 역동적 흐름의 도시, 즉 광장이나 공원보다 인프라스트럭처나 네트워크의 흐름, 유연성을 가진 오픈스페이스 등이 중요하게 되었다.

랜드스케이프 어바니즘이 주목하는 도시의 새로운 경관은 과거처럼 도시 내 건물 사이의 녹지, 주차장, 공원 등 조경 공간에 한정되지 않고 도시를 구성하는 건물, 도로, 오픈스페이스, 인프라스트럭처 모두를 포함한다. 이때의 경관은 건물이나 외부 공간뿐만 아니라 변화하는 도시의 진화와 생성에 필요한 모든 프로세스와 이벤트를 포괄하는 개념이다. 랜드스케이프 어바니즘은 도시와 경관의 수평적 판horizontal surface을 구축하는 일을 통해 공간을 활성화하고 공간적 프로그

램을 유연하게 한다. 도시의 진화와 성장 가능성을 수용하는 시스템과 프로세스를 중요시하며, 공간의 형태 자체보다는 프로그램의 작동 방식에 주목하고 단계적 전략을 통해 시공간적 관계를 구성하는 데 초점을 맞춘다. 다양한 영역들의 융복합적 협업을 통한 네트워크를 중심으로 프로젝트를 진행하며, 맵핑, 레이어링, 다이어그램 등 다양한 설계 매체를 사용하고 있다.

랜드스케이프 어바니즘의
실천 전략
프레시 킬스의 경우

2001년에 시행된 프레시 킬스Fresh Kills 매립지 공원화 국제 설계공모의 당선작 '라이프스케이프Lifescape'는 세계적인 조경가이자 도시설계가이며 필드 오퍼레이션스Field Operations의 창업자인 제임스 코너James Corner

제임스 코너

가 랜드스케이프 어바니즘의 설계 전략과 매핑, 디지털 몽타주, 레이어링 등 구체적 설계 매체와 다양한 테크닉을 보여준 실험작이다. 영국 출신의 제임스 코너는 맨체스터 메트로폴리탄 대학교 건축학부를 졸업하고 미국 펜실베이니아 대학교에서 조경학 석사를 마쳤으며, 동 대학 조경학과 학과장을 역임했다.

프레시 킬스 대상지

1 mile

프레시 킬스는 뉴욕 시의 스테이튼 아일랜드 서쪽에 위치한 대규모 쓰레기 매립지다. 지난 50여 년 동안 뉴욕 시의 쓰레기가 강의 바지선을 통해 이 매립지로 운반되었고, 면적은 2,200에이커로 센트럴 파크의 세 배에 달한다. 설계공모의

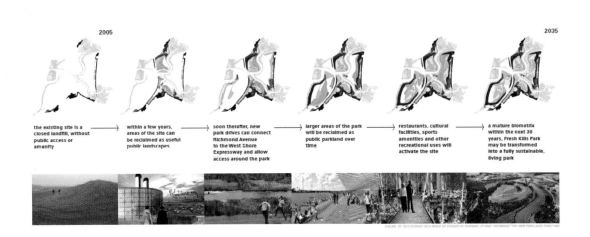

프레시 킬스 계획안

부제 '매립지에서 경관으로Landfill to Landscape'에서 알 수 있듯이, 이 공모전의 주요 이슈는 매립지로서 역할을 다한 프레시 킬스 지역을 장기적으로 공원화하는 것이었다. 오랜 기간 주변 지역과 단절된 거대한 땅을 다시 스테이튼 아일랜드의 일부로 환원시켜야 한다는 것, 지역 주민의 민원 해결, 30년 이상 걸리는 매립지 안정 과정의 기술적 문제 해결 등이 뉴욕 시가 제시한 설계 지침이었다. 당선작인 제임스 코너의 '라이프스케이프'는 미생물에서부터 인간에 이르는 생태계의 연관성을 이해하고 기술적으로 구현되는 체계로서 설계 전략을 제시했다. 그는 실threads, 섬islands, 매트mats라는 일관된 설계 개념과 설계 원칙을 바탕으로 대상지가 시각적·개념적으로 명확히 인식되도록 했다. '실'은 매립 경사지의 수목 열식, 교통 동선, 보행자 동선, 배수로 등 선적 설계 요소를, '섬'은 독립적인 점적 설계 요소로 침엽수 군식, 온실 시설, 습지림 등을 나타낸다. '매트'는 다양한 생태 환경을 나타내는 면적 요소이며, 침식 방지를 위한 경사지 목초지, 매립 구릉 상부의 목초지, 수림, 강변 습지, 스포츠필드, 이벤트 장 등을 포함한다.

'라이프스케이프'는 공원 개발 계획의 단계별 프로세스를 제시한다. 대상지에 잠재된 위험으로부터 공공의 안전을 도모하면서 생태계 복원 방안을 제시하고 아울러 스포츠 등 지역 주민 편의 시설을 제공하는 '준비seeding' 단계로부터 시작하여, 두 번째인 '인프라스트럭처' 세공 단계로 이어진다. 이 단계에서는 점차 매립지가 안정된 후 새로운 도로, 교량, 녹지 시스템 등의 인프라스트럭처를 구축하고, 다양한 활동 프로그램을 수용하는 틀을 만든다. 다음 세 번째 단계는 '프로그래밍'으로, 구축된 기본 인프라스트럭처 안에서 다양하고 역동적인 프로그램이 작동되도록 한다. 이러한 프로그램은 단지 제안일 뿐, 실제 도입될 프로그램은 주변 여건에 맞추어 유동적으로 변할 수 있다. 끝으로 '적응adaptation' 단계는 새롭게 형성된 지역 커뮤니티와 공공 기관의 긴밀한 협의 하에 지속적으로 공원을 수정하고 발전시키는 단계다.

제임스 코너는 광대한 스케일의 마스터플랜을 작성하기 위해 이전과는 다른 독특한 재현 기법을 고안했다. 이 스케일에서 표현하기 어려운 나무나 보행로 등은 가독성legibility을 높이기 위해 스케일을 어느 정도 과장해서 표현했다. 다이어그램처럼 보이는 평면도를 통해 명확성과 미세함이 공존하는 시각화에 성공했다.

이를 위해 그가 사용한 방법은 포토몽타주photomontage 기법이었는데, 항공 사진 사를 고용해 찍은 현황 사진에 여러 이미지를 합성하고 포토샵에서 리터치하는 방식이다.

제임스 코너의 프레시 킬스는 이전의 전통적 형태의 설계와 달리 과정 process(또는 phase)과 시스템의 설계에 초점을 둔다. 대상지 주변 현황을 이해하고 기존의 체계로 재연결하면서 대상지 자체의 잠재력을 극대화시키는 전략을 보여 준다. 이렇게 함으로써 도시 구조 재편의 관점에서 쓰레기 매립지의 공원화 계획을 제시하고 도시 기능 재활용 및 구조 조정의 적극적 역할을 도시 공원이 맡도록 하는, 시대와 문화를 반영하는 새로운 도시공원을 창조했다.

랜드스케이프 어바니즘의 시대가 열린 이후, 제임스 코너와 더불어 조지 하그리브스, 웨스트 8West 8 등 많은 조경가가 주요 프로젝트에서 건축가, 도시계획가와 경쟁하여 주도권을 지닌 프라임 컨설턴트 역할을 충실히 하고 있다. 하버드 디자인대학원 학과장인 찰스 왈드하임은 필자와의 인터뷰에서 "경계가 허물어졌기 때문에 조경의 영역이 침식당한다는 관점에서 벗어나, 오히려 조경이 더욱 강해질 수 있는 기회로 보아야 한다"고 강조한 바 있다. 이를 위해 조경가는 조경의 특화된 지식과 기술에 능수능란해야 함은 물론, 동시에 건축과 도시에 대한 기본 소양을 길러야 한다고 주장했다. 그는 또한 조경 분야의 경쟁력은 조경이 건축, 도시와 차별화된 접근 방법과 디자인 교육 과정을 가지고 있기 때문이라고 말하며, 조경의 강점인 생태학과 식물에 대한 지식, 경관 변화에 대한 이해와 경관생태학적 관점에 대한 훈련에 매진해야 함은 물론 세계 전반의 디자인 경향에도 관심을 가지고 충분히 소화해야 한다고 주문했다. 또한 그는 "조경의 강점 중 하나는 도시의 성장 시기뿐 아니라 도시가 쇠퇴하는 상황에서도 가치 창출 및 문제 해결을 위한 지적 능력을 제공한다는 점이다"라고 주장하며, "랜드스케이프 어바니즘이 부각된 원인 또한 인구, 자본 투자, 건물 수요가 갑작스럽게 줄어드는 지역에 랜드스케이프 어바니즘이 적절히 대처할 수 있다는 점이었다"고 강조했다. 우리나라에서도 이러한 경향에 따른 변화가 시도되고 있다.

그룹한의
랜드스케이프 어바니즘

그룹한은 가덕도 국제 설계공모, 일산 식사지구 프로젝트, 동탄 워터프런트 설계 공모, 용산공원 설계 국제공모 등에서 탈영역적 랜드스케이프 어바니즘의 시각으로 프로젝트를 수행한 경험을 지니고 있다.

가덕도
신도시 개발
프로젝트

그룹한은 2010년 부산 가덕도 국제 설계공모에서 프로젝트의 프라임 컨설턴트로서 조경이 주도하는 랜드스케이프 어바니즘의 가능성을 선보였다. 한려해상국립공원과 부산이 만나는 경계 지점에 위치한 가덕도는 부산 신항만, 가덕 고가, 경제자유구역, 가덕도 신공항 등 대형 개발로 인해 한때 천혜의 자연으로 가득했던 섬이 기반시설만 존재하는 불모지로 변해가고 있었다. 그룹한은 가덕도의 자연 유산을 유지하고 발전시키는 동시에 주변의 새로운 개발로 인해 발생할 도시 수요를 지원하기 위해 네 개의 각기 다른 역할을 수행할 서브시티sub-cities를 계획하고 자연과 인간이 공존하는 신도시를 제안했다. 자연이 가덕도의 가장자리edge에 자연스럽게 흐르면서 도시의 조각을 이어주고, 그린 인프라로 생태계가 복원될 수 있도록 계획했다. 자연에서 도시로 인도하는 오픈 루트open route에는 다양함과 건강함이 존재하는 문화 에코톤culture eco-tone을 형성하고자 했다.

눌차만의 주 역할은 가덕도 북쪽의 산업 콤플렉스 개발로 인해 발생할 주거의 수요를 덜어주는 것이다. 상점, 정박지, 공공 기관 등 생활편의시설이 자리하게 될 눌차만을 감싸는 고리ring가 주 동선이 된다. 기존의 논길을 따라 흐르는 세 개의 개울은 보존을 통해 직선 공원으로 탈바꿈하고, 현재 생태적으로 손상된 개펄은 해수 소택지의 도입과 세 개울의 자연스러운 연장을 통해 정화되어 단독주택 용지로 재사용된다. 눌차만의 개발 프로세스는 도로, 교량, 방파제, 제방과 같

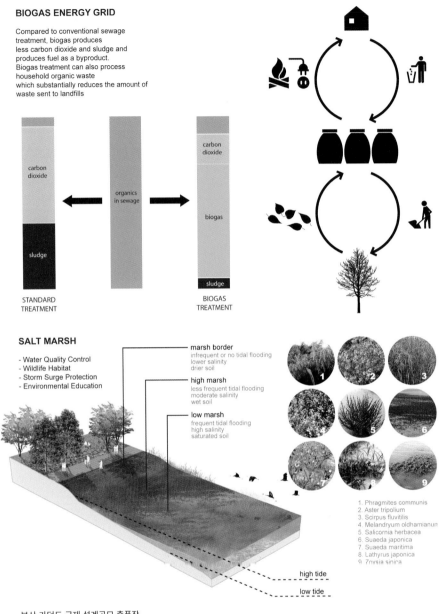

BIOGAS ENERGY GRID

Compared to conventional sewage
treatment, biogas produces
less carbon dioxide and sludge and
produces fuel as a byproduct.
Biogas treatment can also process
household organic waste
which substantially reduces the amount of
waste sent to landfills

carbon
dioxide

organics
in sewage

sludge

carbon
dioxide

biogas

sludge

STANDARD
TREATMENT

BIOGAS
TREATMENT

SALT MARSH

- Water Quality Control
- Wildlife Habitat
- Storm Surge Protection
- Environmental Education

marsh border
infrequent or no tidal flooding
lower salinity
drier soil

high marsh
less frequent tidal flooding
moderate salinity
wet soil

low marsh
frequent tidal flooding
high salinity
saturated soil

1. Phragmites communis
2. Aster tripolium
3. Scirpus fluvitilis
4. Melandryum oldhamianun
5. Salicornia herbacea
6. Suaeda japonica
7. Suaeda maritima
8. Lathyrus japonica
9. Zoysia sinica

high tide

low tide

부산 가덕도 국제 설계공모 출품작

은 회색 인프라가 우선이 아닌, 원래 이곳에 흐르고 있던 자연 실개천과 눌차만
안에서 형성된 조류의 흐름에 따라 경관과 그린 인프라가 우선 고려된 경관 중심
적 계획 프로세스를 밟고 있다. 그룹한은 이와 같은 새로운 방식의 개발 프로세
스를 통해 랜드스케이프 어바니즘의 가능성을 확인할 수 있었다.

Nulcha bay view from hillside

Bay village view

Public ring park view

4 development areas

New Port Warehouse Zone

Nulcha Bay Zone

Gadeok Recreation Zone

Daehang Park/Work Zone

0-60 (m)
60-160 (m)
160-460 (m)

Preserved Nature

development cores & directions

building / population

recreational area
4-5 story resorts(20 unit)
3,000 people

training institute (20 unit)
2,000 people

residential area
single housing (300 unit)
1,000 people

town housing (120 unit)
20,000 people

density of human activity

open space system

stream park
paddy park
bay park
reservoir park
sports park
golf course

infrastructure

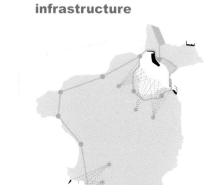

sewage treatment system
power plants
* reservoirs
harbors
bay bridge

3 main recreation programs

haeundae tour

27 holes
ocean view course
private

equestrian center
1 hour ride
2 hour ride
3 hour ride

hanryesudo tour

18 holes
ridge course
public

yacht
golf course
— horseback riding path

revenue sources

big box whole sale
outlet mall

8,000 households
21,000 residents

45 holes total

resort hotels, 2000 tourists

hotels, training institute
2000 trainers, 1000 business people

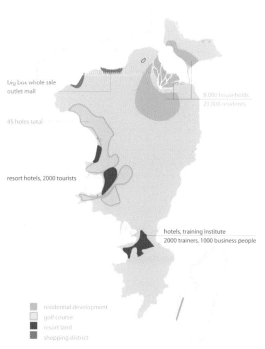

residential development
golf course
resort land
shopping district

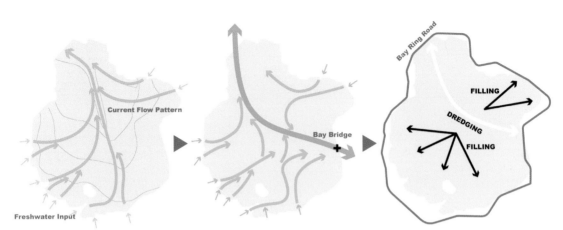

The Bay in Stress
A once unique bay landscape of Nulcha area with abundant oyster farming practice and ecologically rich habitats is now suffering from degraded water quality due to hindered water flow by the construction of Busan New Port northwest as well as breakwater road southwest. Poorly managed fishing docks and agricultural fields release contaminants and overloaded nutrients to waterbody.

Let it flow, let it flow
Restoration of historic opening to the ocean by converting a section of breakwater road to Bay bridge enhances the healthy turnover of water in the Bay. The opening also makes possible the navigation of fishing and recreational vessels allocating the center to vibrant water traffic. The open water is largely divided into two zones.

Land Reclamation
Opening toward the ocean reintroduces the historic and natural flow of offshore current into the Bay. The existing mud grain dissipates to outer sea being substituted by sand grains while recalibrating the depth and water quality according to original natural condition. Additional dredging procedure is followed to guarantee minimum draft of navigable channel.

 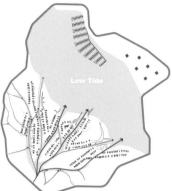 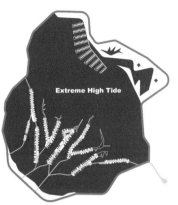

Thickening Ecotones
Salt marshes are one of the most biologically productive habitats on the planet, rivaling tropical rainforests. Without blocking the flow of water constructed habitats of brackish-salt marsh operate as a natural filter providing with diversity and integrity to ecosystem. Tributary strategies and clean-up plans for each stream in the Bay watershed help to achieve the goals to reduce nutrients and sediment from existing agricultural lands.

Unusual and Distinctive Village in Busan
Nulcha Bay becomes world-class waterfront and recreational amenities with diverse reserve for cultural and social life which offers an unprecedented array of experience and opportunities for commuting residents and vacation visitors. A rich mosaic of riparian and aquatic life that becomes the center of a continuous coastal ecosystem of the island and region.

A New Life Style of Bay Living
The Bay renders a realistic and sustainable landscape and urban centers with a vibrant bayfront of distinctive activities and unique water-oriented programming by allowing attractive access to significant public spaces for tourists. The porous development facilitates ecological habitats for migratory birds.

고양 식사지구 주거단지의 설계 개념으로 제시한 '그린 DNA'는
개발로 인해 훼손되고 파편화되어 흔적만 남아 있는 부지 내의 녹지와 물의 흔적을 복원하는
프로세스를 통해 단지 전체의 그린 인프라스트럭처를 구성하는 전략이다.

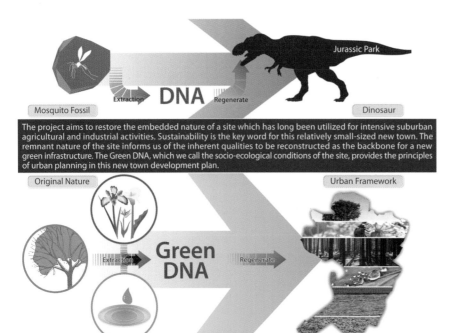

The project aims to restore the embedded nature of a site which has long been utilized for intensive suburban agricultural and industrial activities. Sustainability is the key word for this relatively small-sized new town. The remnant nature of the site informs us of the inherent qualities to be reconstructed as the backbone for a new green infrastructure. The Green DNA, which we call the socio-ecological conditions of the site, provides the principles of urban planning in this new town development plan.

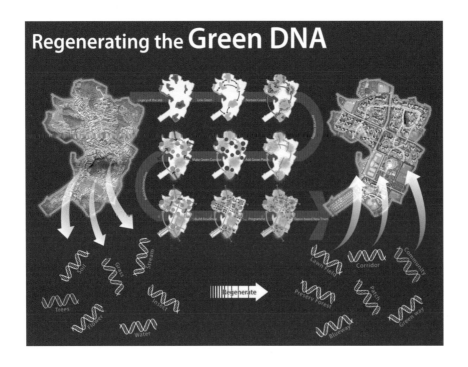

고양 식사지구 주거단지 설계

일산 신도시 북동쪽에 위치한 식사지구는 원래 영세 가구 단지와 축산 농가 등이 산재한, 개발이 불가능한 보존지구로 묶여 있었다. 부지 면적만 988,000m²에 달하는 식사지구에는 펜트하우스와 30층의 초고층 아파트 등 7,000여 가구가 들어선다. 민간 건설 업체가 대규모 부지에 미니 신도시급 주택 단지를 조성하는 도시 개발 사업으로 조성된 고양 식사지구 주거단지는 한국 조경 설계업의 다수를 차지하고 있는 주거단지 조경 설계에 랜드스케이프 어바니즘을 적용하여 그 실천 전략을 실험해 본 프로젝트다. 단지 내의 공간 디자인에 머무르지 않고, 개발 초기 단계부터 조경가가 참여하여 전체 마스터플랜 계획 과정에서 회색 인프라가 아닌 그린 인프라 중심의 단지계획을 시도함으로써 랜드스케이프 어바니즘 방식으로 접근했다. 설계 개념으로 제시한 '그린 DNA'는 영화 '쥐라기 공원'에서 호박 속에 박힌 모기의 혈흔에서 공룡의 DNA를 추출해 거대한 공룡을 되살려 내는 것처럼, 개발로 인해 훼손되고 파편화되어 흔적만 남아 있는 부지 내의 녹지와 물의 흔적을 복원하는 프로세스를 통해 단지 전체의 그린 인프라스트럭처를 구성해 나간다는 전략이다.

계획의 첫 번째 프로세스는 보존이다. 대상지에 유일하게 남아 있는 자연의 흔적은 파편화된 몇 개의 녹지 패치뿐이다. 이 패치는 친환경도시를 계획하기 위한 중요한 요소로서 식생, 토양, 물 등 생태 요소 복원을 위한 원형 정보일 뿐만 아니라 도시 골격을 구성하는 녹지 체계 구축을 위한 흔적이기 때문에 적극적 보존 원칙을 끝까지 지켜냈다. 두 번째 프로세스는 연결이다. 보존 녹지가 생태적 건강성과 다양성을 회복할 수 있도록 끊어진 녹지를 연결하기 위해 총 연장 2.1km에 이르는 녹도를 계획했으며, 생태적 식재 계획을 수립하고 안전하고 쾌적한 산책길을 조성했다. 세 번째로, 연결된 녹도를 다시 여러 겹의 녹지와 정원 공간으로 양성했다. 이는 녹도의 연결 기능을 높이는 동시에 녹도 자체가 하나의 작은 생물 서식 공간으로 기능하게 할 뿐만 아니라 지역 사회의 자연친화적 삶을 유도하는 통로가 될 것이다.

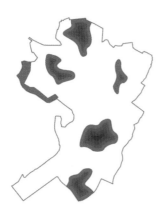

Soil	Vegetation	Animal Fauna
Sand Silt/Sand Mix Silt/Clay Mix	Colonies of Pitch Pine, Oak and Falxe Acasia	8 Species of Mammal 9 Species of Birds 4 Species of Amphibian

① 보전

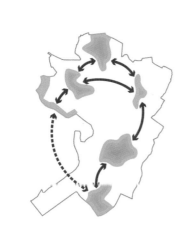

Width of
Greenway

10 M

Bicycle Road 2.5m
Pedestrian Road 3.5m
Surrounding
green area 4m

Length of
Greenway

2.1 KM

② 연결

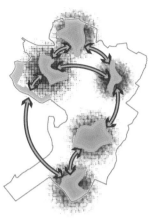

Amount of Planting	Green Area	Greenway Environments
7,894 Trees 385,553 Shrubs 261,124 Ground cover plants	370,714 m²	Forest Garden Pond Fountain

③ 양성

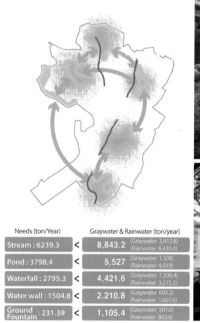

Needs (ton/Year)		Graywater & Rainwater (ton/year)	
Stream : 6239.3	<	8,843.2	(Graywater 2,412.8) (Rainwater 6,430.4)
Pond : 3798.4	<	5,527	(Graywater 1,508) (Rainwater 4,019)
Waterfall : 2795.3	<	4,421.6	(Graywater 1,206.4) (Rainwater 3,215.2)
Water wall : 1504.8	<	2.210.8	(Graywater 603.2) (Rainwater 1,607.6)
Ground Fountain : 231.39	<	1,105.4	(Graywater 301.6) (Rainwater 803.8)

④ 물 순환 체계 회복

단지 내의 공간 디자인에 머무르지 않고,
개발 초기 단계부터 조경가가 참여하여 전체 마스터플랜 계획 과정에서
회색 인프라가 아닌 그린 인프라 중심의 단지계획을 시도했다.

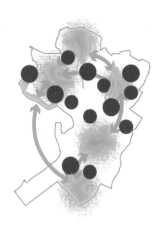

3 Community Parks	6 Children`s Parks	Open Space & Green	Roof Green
71,811 m²	18,222 m²	51,238 m²	6,356 m²

⑤ 녹지 패치를 통한 확산

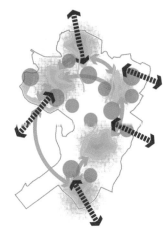

East	West	South	North
Mt. Hyundal	Donggeori Lawn Field	Gyeondal- san Creek	Mt. Gobong

⑥ 그린 코리더

다음 프로세스로, 조성된 녹도를 따라 물 순환 체계를 회복시켰다. 개발 지역의 새로운 유역으로부터 빗물을 차집하고 저류·침투시킴으로써 일시적 배수에 따른 홍수를 예방할 수 있도록 했다. 뿐만 아니라 녹도를 따라 실개울을 조성하고 저류된 물은 흘려보냄으로써 녹도 주변의 생태성을 보다 풍부하게 하고 친수성을 높였다. 다음으로, 녹지 패치를 통한 확산 전략을 수립했다. 완성된 녹도로부터 넓은 면적의 대상지 곳곳에 녹지 체계를 확산시키기 위해 대규모 근린공원 3개소와 소규모 어린이공원 6개소 등 새로운 녹지 패치를 녹도 주변에 배치했으며, 인근 건물 옥상에도 적극적 녹화를 통해 크고 작은 녹지 패치를 확보했다. 그린 코리더는 새롭게 형성된 녹지 패치를 중심 녹지와 연결한다. 더불어 대상지 내부의 녹지 체계를 외부의 자연 녹지와 연결하는 중요한 녹지축으로 작동한다. 그린 코리더는 생태 연결 통로일 뿐만 아니라 단지 외부의 녹색 경관을 단지 내부로 끌어들이는 경관 축으로 기능하기도 한다.

이상의 프로세스를 통해 완성된 녹지 체계는 새로 조성되는 도시의 골격을 구성하게 된다. 녹지 체계를 따라 조성된 보행 녹도는 3개의 아트 브리지를 통해 도로와 분리된 입체 보행체로 단절 없이 연결됨으로써 안전하고 쾌적한 단지 환경을 제공한다. 마지막에 비로소 건축물을 대상지에 계획했다. 보존 녹지를 포함한 도시의 녹지 체계 및 첨단 친환경 기술을 반영하여 건축물을 배치했다. 나무를 대신해 빗물을 받아 저류하고 순환시키는 기능도 부여했다. 건축물과 조화를 이루도록 식재하고 수경 시설을 계획함으로써 건축물이 자연 경관 속에 묻힐 수 있도록 의도했다.

녹지 체계를 따라 조성된 보행 녹도는 3개의 아트 브리지를 통해
도로와 분리된 입체 보행체로 단절 없이 연결됨으로써
안전하고 쾌적한 단지 환경을 제공한다.

Blocks	Household	Site Area	Landscape Area
5 Blocks 65 BLDS	7,033	494,698 m²	229,443 m²

⑦ 건축물의 배치

Art Bridge

⑧ 보행 아트 브리지

랜드스케이프 어바니즘 관점에서 생태적 프로세스는 크게 자연생태적 과정과 사회생태적 과정, 두 가지로 언급되고 있다. 자연생태적인 과정에서 말하는 생태는 자연생태적 요소가 실제 실무 과정에서 이용되어 과거처럼 비생태적 기반시설을 대체하는 수단으로 사용되는 것을 말하며, 오픈스페이스의 관리에 있어서도 비용이 많이 드는 인위적 관리 시스템이 아니라 자연생태적 과정에 의해 자율적으로 유지 관리되는 시스템을 말한다. 사회생태적 과정은 사회적, 정치적, 경제적 요소들의 흐름과 프로세스를 자연생태적 요소와 같은 비중으로 격상시켜 이를 모두 포함한 집합체로서, 도시를 관계의 연속적 네트워크로 보는 시각을 말한다. 고양 식사지구 주거단지는 오랜 시간 인간의 자연 파괴와 개발 행위에 의해 훼손된 사이트를 복원하는 동시에 지속가능한 주거단지로 조성하는 대규모 도시계획 프로젝트다. 고양 식사지구 주거단지에서 그룹한은 영세 가구 단지와 골재 공장, 축산 농가와 불법 경작에 의해 자연성이 극도로 훼손된 대상지로부터 얼마 남아 있지 않은 녹지 원형, 즉 그린 DNA를 추출하여 새로운 도시 녹지 체계를 구성하고 그린 인프라스트럭처를 구축함으로써 생태적 관점으로 도시 골격을 구성하는 랜드스케이프 어바니즘 이론을 실천했다.

고양 식사지구 주거단지. 대상지에 유일하게 남아 있는 자연의 흔적인 파편화된 몇 개의 녹지 패치를 최대한 보존했다.

동탄 신도시 워터프런트 콤플렉스

동탄 신도시는 IT 기술을 비롯한 첨단 기술과 생활 양식이 기반이 되는 미래지향적 도시, 즉 디지털의 도시다. 그러나 우리는 도시의 주체인 사람들의 기억 저변에 깔려있는 자연에 대한 동경과 서정성이 합리와 편리로 대변되는 디지털의 시대에도 여전히 가치를 가진다고 믿는다. 그룹한은 설계공모 제출안에서 물과 대지가 조화를 이루어 감각 풍경이 살아있는 지속가능한 단지를 만들어 동양적 철학과 디지털 기술이 공존하는 도시를 구현하고자 했다.

동탄2 신도시 워터프런트 콤플렉스의 대상지인 산척리 일대에서 경관, 생태, 환경은 물론 주민의 삶에 가장 큰 영향을 미치는 요소는 바로 '물'이다. 그룹한은 물로 인해 형성된 장소의 기억, 물의 생명력과 순환성을 지속하면서 새롭게 창조되는 순환과 공존의 가치가 실현되는 "물이 있는 건강한 도시, 물로 인해 아름다운 신도시"를 제안했다. 또한 도시와 자연의 이분법에 의한 워터프런트 개발의

문제를 넘어 도시와 자연이 공존하는 새로운 형태의 체계적 개발 계획을 제시했으며, 이를 위해 장소를 창의적으로 해석하여 다음과 같은 개발 전략을 수립했다.

첫째, 대상지 해석을 통해 장소에 대한 기억을 되살릴 수 있는 수변림과 그곳에서 오랜 시간 적응해 온 원앙 서식지를 보존하기로 했다. 둘째, 지역이 가지고 있는 모습 중 지속하면서 재활용할 것을 선정했다. 산척리가 유지해 온 물 순환 시스템은 도시 개발 이후에도 워터프런트 콤플렉스로서의 도시 정체성과 생태적 건전성을 위해 유지되어야 하며, 저수지와 제방, 송방천과 실개울, 지형을 거스르지 않는 계단식 논의 지형적 특성을 살려 새로운 도시 체계 안에서도 유효한

그룹한은 설계공모 제출안에서 물과 대지가 조화를 이루어
감각 풍경이 살아있는 지속가능한 단지를 만들어
동양적 철학과 디지털 기술이 공존하는 도시를 구현하고자 했다.

Ecology

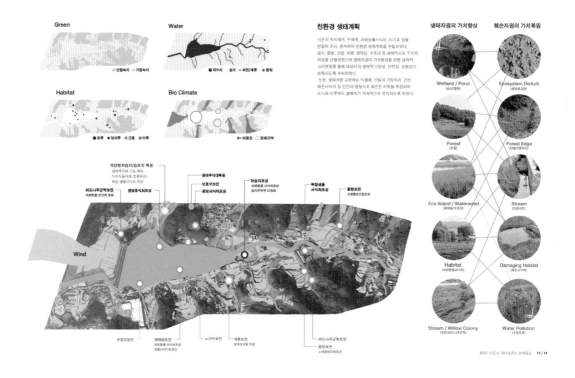

기존의 녹지체계, 수체계, 야생동물서식처, 미기후 등을 면밀히 조사, 분석하여 친환경 생태계획을 수립하였다. 습지, 둠벙, 산림, 계류, 생태성, 수초대 등 생태적으로 우수한 자원을 선별하였으며 생태자원의 가치향상을 위한 생태적 고리연결을 통해 대상지의 생태적 다양성, 안전성, 순환성이 회복되도록 계획하였다. 또한, 생태계를 교란하는 식물을 산림의 가장자리, 건천, 훼손서식지 등 인간의 영향으로 훼손된 지역을 복원하여 도시화 이후에도 생태계가 지속적으로 유지되도록 하였다.

친환경 생태계획

생태자원의 가치향상 / 훼손자원의 가치복원

Wetland / Pond (습지/둠벙) — Ecosystem Disturb (생태계교란)
Forest (산림) — Forest Edge (산림가장자리)
Eco Island / Waterweed (생태섬/수초대) — Stream (건천/하천)
Habitat (야생동물서식지) — Damaging Habitat (훼손서식지)
Stream / Willow Colony (하천/버드나무군락) — Water Pollution (수질오염)

도시 기반 요소로, 또 도시 경관 요소로 작동하도록 계획했다. 끝으로, 지역에 추가되어야 할 기능과 성격을 고려하여 새로운 가치를 부여했다. 새로 입주해 들어올 주민들의 삶이 그것이다. 주거시설을 포함한 다양한 건축물은 워터프런트 콤플렉스의 기능과 성격에 부합하는 친환경 건축물로 창조하고 도로와 교량 등 도시 기반 시설 역시 새로운 관점에서 창조되는 것들이다. 소프트웨어로서의 문화 프로그램과 여가 프로그램, 그리고 이들이 실행되는 단위 공간들이 주민들의 쾌적한 삶을 위해 고려되었다.

기존의 녹지 체계, 수 체계, 야생동물 서식처, 미기후 등을 면밀히 조사 분석하여 습지, 둠벙, 산림, 계류, 생태섬, 수초대 등 생태적으로 우수한 자원을 선별했으며, 생태 자원의 가치 향상을 위한 생태적 고리 연결을 통해 대상지의 생태적 다양성, 안전성, 순환성이 회복되도록 계획했다. 동서 방향으로 길게 배치된 동탄 워터프런트 콤플렉스는 주변의 수 환경 및 토지이용 특성에 따라 크게 3개의

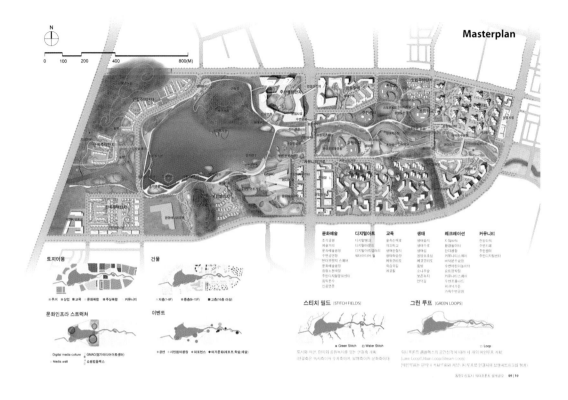

권역으로 나뉜다. 그룹한은 각각의 권역을 레이크 루프Lake Loop, 스트림 루프 Stream Loop, 어반 루프Urban Loop로 구성된 3개의 메인 루프로 순환시켜 흐름을 형성하고 활력을 부여하고자 했다. 메인 루프에서 확장된 서브 루프는 더 작은 단위 공간을 연결하여 도시에 생기를 불어넣는 네트워크 체계이며, 루프 안쪽에 형성된 공간은 단위 프로그램이 작동하는 필드를 제공한다.

동탄 워터프런트 콤플렉스는 정적이고 생태적인 수변 공간의 기본 기능에 지역 거주민의 적극적인 수변 문화, 여가, 쇼핑 등의 기능이 더해진 활기찬 생활 속의 워터프런트 공간을 지향했다. 그룹한은 산척저수지의 원앙 서식처를 중심으로 하는 북쪽 수변림과 자연 녹지에는 인간의 이용을 제한하고, 근대 문화 유산으로서의 제방과 남쪽 수변을 문화 시설 부지와 연계한 친수 기능의 적극적 워터프런트로 조성하면서 그린 인프라가 계획의 중심이 되는 랜드스케이프 어바니즘을 시도했다.

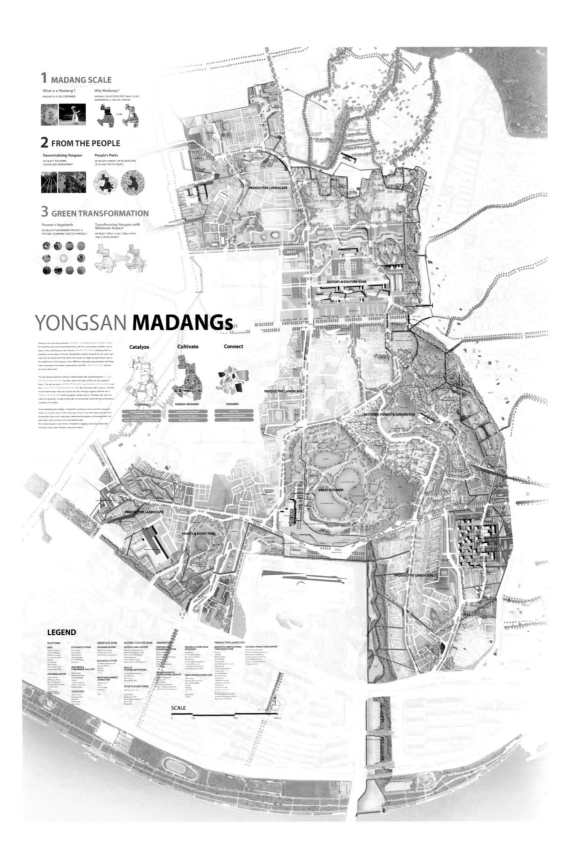

YONGSAN MADANGs

용산공원
설계
국제공모

그룹한은 2012년 용산공원 설계 국제공모에 중국의 투렌스케이프 Turenscape와 함께 컨소시엄 팀으로 초청되었다. 그룹한+투렌스케이프의 안은 비록 당선되지 않았지만 여러 분야의 전문가와 협업하며 대형 공원의 랜드스케이프 어버니즘을 지향한 의의를 지닌다.

용산공원 부지는 매우 복잡하고 다층적인 복합성을 가지고 있는 땅이다. 따라서 그룹한은 기존에 이루어졌던 획일적인 마스터플랜이나 라지 스케일의 계획, 결정지어진 공간 프로그램, 자연에 대한 피상적 모방에 그치는 픽처레스크 스타일을 거부하고, 주변 도시의 맥락과 밀접하게 소통하고 지역 주민의 일상적 삶에 기반하며 유동적이고 스스로 작동할 수 있는 계획을 제안했다. 그룹한은 '에지Edge', '플랫폼Platform', 그리고 '마당'을 주요 설계 전략으로 제시했다.

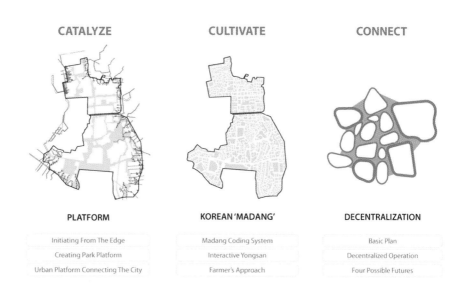

CATALYZE	CULTIVATE	CONNECT
PLATFORM	KOREAN 'MADANG'	DECENTRALIZATION
Initiating From The Edge	Madang Coding System	Basic Plan
Creating Park Platform	Interactive Yongsan	Decentralized Operation
Urban Platform Connecting The City	Farmer's Approach	Four Possible Futures

첫째, '에지' 전략은 도시로부터 오랜 기간 고립된 용산을 가장 빠르고 효과적으로 연결하기 위해 주변부의 커뮤니티를 공원의 경계에서부터 수용하여 용산공원이 지역 주민들의 일상적 삶의 공간이 되고 공원 조성의 도화선이 되도록 하기 위한 것이다. 경계 지역이 공원과 인근 커뮤니티를 연결하고 적극적 참여와 활성화를 위해, 용산의 중앙부가 아닌 주변으로부터의 조성을 제안하여 공원 조성의

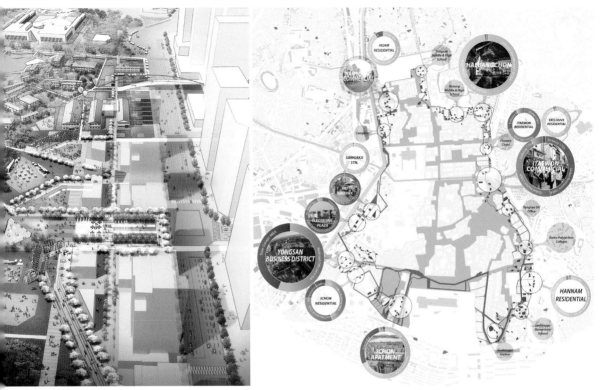

그룹한은 투렌스케이프와 함께 주변 도시의 맥락과 밀접하게 소통하고
지역 주민의 일상적 삶에 기반하며 유동적이고 스스로 작동할 수 있는 계획을 제안했다.

촉진을 추구하고 반세기 넘게 도시와 단절된 장벽들이 체계적이고 단계적으로 제
거되도록 했다. 이 과정에서 커뮤니티가 필요로 하는 공간을 활성화시키면서 용
산은 점진적으로 시민에게 열리게 된다.

누 번째 전략은 '플랫폼'이다. 플랫폼은 기존에 미군 부시 시설 중 이봉노가
낮은 넓은 면적의 땅들을 하나로 연결하여 구성한다. 플랫폼은 수공간, 보행로,
자전거 전용 도로, 서비스 차량 동선, 생태 수로 등 용산공원이 필요로 하는 다
양한 그린 인프라스트럭처가 되고, 모든 마당을 하나로 엮어주는 '프레임'으로 기
능을 하며, 또한 용산공원의 경계 너머로 확장되고 접경 지역의 커뮤니티와 끊임
없이 교류하며 주변 도시 조직들과의 연결을 시도한다. 플랫폼은 각각의 특성과
요구에 의해 변화되는 마당들을 연결하고 소통을 이끌어내며, 프로그램, 공간, 그
리고 생태적으로 필요한 시설들을 지원하는 역할을 담당한다.

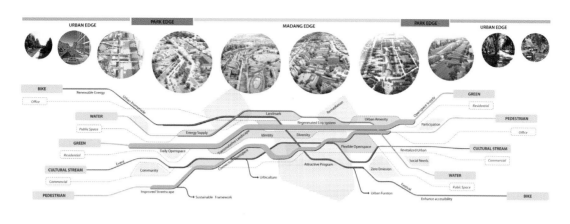

PLATFORM = Green Infrastructure

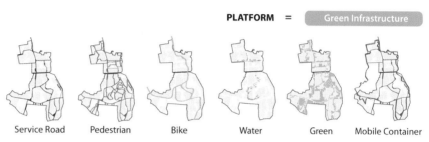

Service Road   Pedestrian   Bike   Water   Green   Mobile Container

세 번째 전략은 '마당'이다. 마당은 비움의 공간으로 대표되는데, 예로부터 한국인의 일상에서 일어나는 다양한 이벤트를 담는 그릇이다. 가장 한국적이며 또한 무한한 가능성을 가진 부수히 많은 마당을 제안했다. 마당은 소소한 이벤트들이 일어나는 커뮤니티 단위의 공공 공간이자 대중이 사회적 소통과 교감을 위한 프로그램을 만들어가는 데 적극적으로 참여하는 공간이 된다.

Why MADANGs?

The MADANG can be developed at
a small-scale, incrementally, and on-demand.

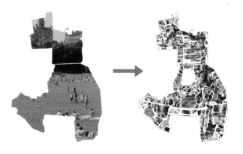

MADANG IN HOUSE   MADANG IN PALACE   MADANG IN VILLAGE

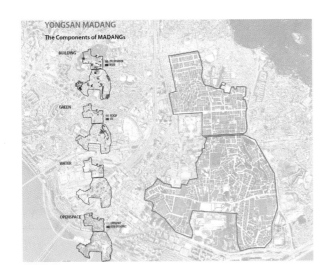

YONGSAN MADANG
The Components of MADANGs

BUILDING

GREEN

WATER

OPENSPACE

Program Madangs

Fitness

Rest

Swim

Play

Grow

Mist

Biotope

Skate

Flower

또한 마당은 작은 규모로 시대가 원하는 요구에 따라 점진적으로 조성될 수 있다. 용산이 가지는 사회적, 정치적, 경제적, 환경적 과제는 하나의 디자인과 마스터플랜으로 규정하고 해결하기에는 그 규모와 복잡성이 너무나 크다. 디자인 언어로서 작은 단위의 마당은 이미 파편화된 용산의 도시 조직에 개발 차원에서 유동성을 제공한다. 이러한 디자인 전략은 미군이 시간을 두고 점차 철수할 것이라는 점과 그 남겨진 땅에는 미군에 의해 오염된 토양과 지하수가 단계적이고 전략적으로 정화되어야 한다는 점과도 맞물려 그 중요성을 더한다. 용산의 마당은 한국인의 삶과 일상 그리고 공공의 요구를 담는 그릇으로 역할을 하기 위해 프로그램적 다양성을 부여하고 시대가 원하는 요구에 탄력적으로 대응할 수 있게 하는 전략이다.

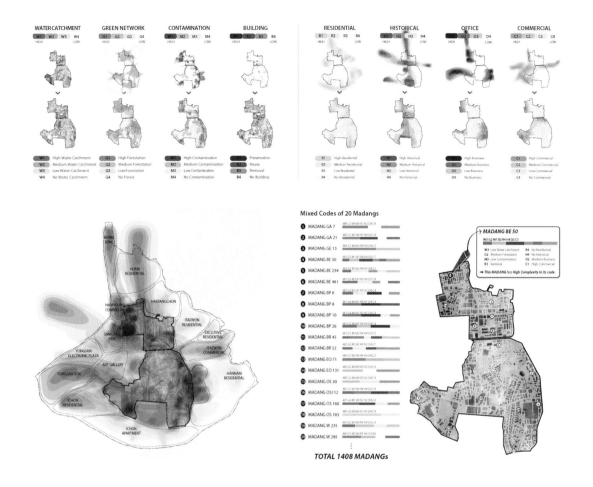

그룹한은 대상지의 수 체계, 식생, 오염 현황, 건물 유형, 주변 지역의 영향력 등 대상지의 조건에서 추출한 유전적 요인의 세부 특성에 따라 모두 1,408개의 기본 마당 셀을 만들었다. 각각의 마당은 마치 유전자처럼 고유의 사회적, 생태적 특성을 가지고 앞으로 예상되는 시나리오에 따라 다양한 이벤트와 프로그램을 담으며 점차 진화해 나간다. 마당은 생태에 대한 기본적인 고려를 바탕으로 변형되며 컷 앤드 필cut and fill의 전략에 따라 대상지의 모든 기존 자연 요소를 보전하고 개발로 인한 영향을 최소한으로 줄여나간다. 시민들은 자유롭게 그들의 의견을 제공하면서 공원을 만들고 즐길 수 있어야 하며, 시민들이 직접 공원 정책에 의견을 제시하는 것에서부터 직접 마당을 디자인하는 일까지 스마트폰을 이용하거나 기타 다양한 방법으로 공원 조성에 참여할 수 있도록 했다.

에지, 플랫폼, 그리고 마당의 개념을 기반으로 한 계획안은
공원을 일차적으로 개방하는 데 필요한 최소한의 기본적 인프라를 구축하는 베이직 플랜이다.
용도가 정의되지 않은 마당들은 미래의 시대적 상황 및 지역 사회의 요구에 따라 점차 진화되어 나간다.

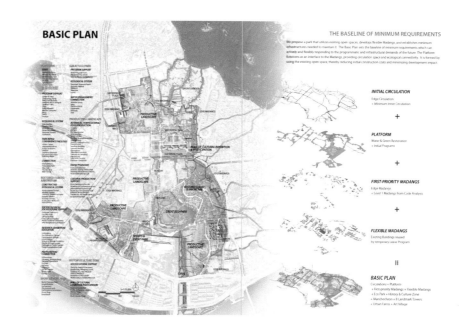

에지, 플랫폼, 그리고 마당의 개념을 기반으로 계획안은 모든 것이 초기에 완결되는 마스터플랜이 아니라 공원을 일차적으로 개방하는 데 필요한 최소한의 기본적 인프라를 구축하는 베이직 플랜basic plan을 보여준다. 에지 부분의 순환 동선과 내부 동선, 공원의 생태적 중추가 되는 물길과 숲, 그리고 초기 공원 활성화에 필요한 에지 마당과 내부의 기초적 마당들, 마지막으로 단기 임대 방식으로 운영되는 재사용 건물군을 합하여 베이직 플랜을 만들었다. 용도가 아직 정의되지 않은 나머지 마당들은 적극적이면서도 유연하게 미래의 시대적 상황 및 지역 사회의 요구에 따라 점차 진화되어 나간다.

또한 남산에서 한강으로 이어지는 녹지축과 한국적 산수경관의 회복을 위해 과거 고지도를 활용하여 단계적으로 가이드라인을 정해 용산의 숲과 물길을 건강한 자연 시스템으로 다시 구축했다.

계획안은 이렇게 완성된 베이직 플랜을 기반으로 미래에 다양하게 변화할 용산공원을 가상한 시나리오를 설정하고 있다. 시나리오 1은 도시가 적극적으로 개발되었을 때 생태성을 극대화하면서 도시 교통을 고려한 안이다. 시나리오 2는 기존 건물들을 최대한 이용하면서 도시 주변과의 연결을 통해 적은 예산으로 공원을 활성화시키는 안이며, 시나리오 3은 남북으로 이어지는 국가상징 가로를 가정하여 문화 시설과 상징 공간으로 재탄생되는 모습을 보여준다. 시나리오 4는 발주처에서 제시한 기본구상안을 반영하여 6개의 공원을 활성화시키는 안이다.

용산 미군기지는 일제강점기와 한국전쟁이라는 대한민국 근대 역사의 아픔을 고스란히 안고 있다. 기지 내 많은 건물은 상처를 극복한 새로운 모습으로 재활용되며, 남겨진 건물은 새로운 용산공원 안에서 다양한 기억과 흔적으로 과거와 미래를 이어주는 매개체가 된다.

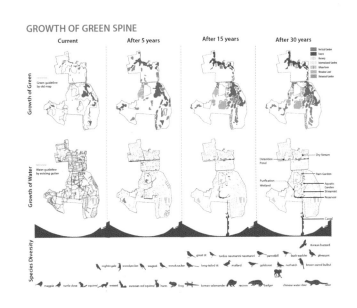

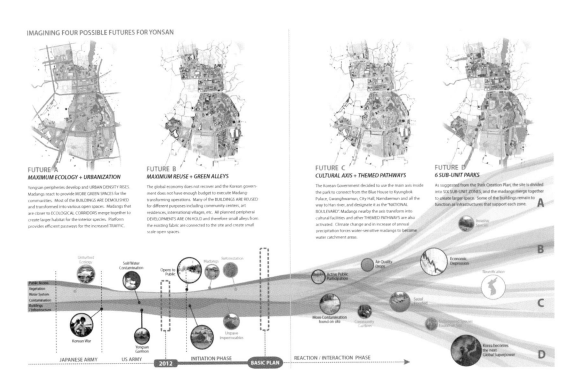

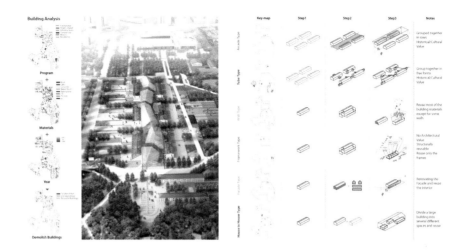

계획안은 많은 문제점을 야기하고 도시 맥락에 민감하게 대응하지 못하는 용산 미군기지의 전면 철거 개발방식을 거부하고, 우선적으로 개입이 불가피한 부분을 중심으로 개발을 하되 조성 단계에서 의견 수렴을 통해 발생하는 요구에 대응하는 분산형 개발 방식을 제안하고 있다.

21세기 하이브리드 문화의 조경적 반영이라고 볼 수 있는 랜드스케이프 어바니즘은 도시화에 따라 새롭게 탄생하고 있는 다양한 유형의 재개발 대상지, 포스트 인더스트리얼 사이트, 랜드필, 브라운필드 등에 대한 새로운 시선과 해법이라고 볼 수 있다. 또한 랜드스케이프 어바니즘은 지속적으로 확산되는 전 세계적 도시화에 대응하는 새로운 조경적 전략이라고 할 수 있다. 조경은 전통적인 반도시적 가치 지향에서 벗어나 도시 그 자체에서 정체성을 찾아야 하며, 조경과 건축과 도시가 혼합된 새로운 영역에서 조경가가 코디네이터 역할을 수행하며 영역 간의 네트워크를 조절하는 지휘자가 될 수 있어야 할 것이다. 이제 더 이상 건축, 도시, 조경이라는 영역 구분은 의미가 없을지도 모른다. 도시는 생태적, 환경적, 경제적, 사회적으로 급변하고 있고, 그로부터 생겨난 프로젝트들은 이전까지 경험하지 못했던 다양한 모습으로 우리에게 다가오고 있다. 조경은 도시가 성장하는 시기뿐 아니라 도시가 쇠퇴하는 상황에서도 가치 창출 및 문제 해결을 위한 지적 능력을 제공할 수 있어야 한다. 또한 조경은 특유의 탄력성을 바탕으로, 침체의 길을 걷는 오늘날과 같은 시기에도 밝은 미래를 개척해 나갈 수 있을 것이다.

Divide a large building into several different spaces and reuse.

디자인과 문화

조경은
디자인인가
문화인가

조경가들의 하나같은 꿈은 남들과 뭔가 다른 멋진 디자인을 하고 싶다는 것일 테다.
이를 위해 밤을 지새워가며 트레이싱 페이퍼 위에 수많은 선의 향연을 펼치다
마치 소설가가 마음에 안 드는 원고지를 찢어 구겨놓듯
미완의 도면을 수북이 쌓아가며 디자인과 씨름하곤 한다.
하지만 멋지고 세련된 선을 완성한다 하더라도 과연 그것이 훌륭한 조경 디자인일까?
실제 만들어진 공간이 이용자들에게 외면당하거나 지나치게 복잡하고 조잡하여
사람들을 불편하게 만든다면 그것은 실패한 디자인이다.
디자이너들은 자기 만족을 위해 실제 이용자를 무시하고
자의적으로 공간을 구획하고 재단하지는 않는가?
자신의 설계 의도대로 공간의 쓰임새가 결정되도록 강요하는 것은 너무 이기적인 발상 아닐까?
디자이너의 의도된 계획이 아닌 아주 단순하게 시작된 이벤트에서 출발해,
오히려 작은 공간에서부터 전체 도시까지 활력을 불어넣은
미국 로드아일랜드 주 프로비던스 시의 '워터파이어 축제'로부터
디자인의 출발점이 어디여야 하는지 근본적으로 다시 생각해 보기로 한다.

로드아일랜드 프로비던스
워터파이어 축제

프로비던스Providence는 미국에서 가장 작은 주 로드아일랜드Rhode Island의 주도다. 20세기 공업 경제가 막을 내리며 쇠퇴했지만 지난 40년 동안 성공적인 도시 경관을 재형성하여 언론으로부터 도시 재활성화의 모델이라 불리고 있다. 1960년대에 주차장과 철도 부지가 있던 황량한 폐허가 1990년대에는 공원, 수변 공간, 그리고 새로운 개발지가 만들어내는 즐거운 파노라마로 변모했다. 이러한 성공의 요인으로는 설치미술가 바나비 에반스Barnaby Evans의 공공 미술인 워터파이어Waterfire가 있었음을 누구도 부정할 수 없다. 바나비 에반스는 수변 공간을 실제로 활성화시킬 수 있는 프로그램을 제공했다. 그의 작업은 매우 간단한 아이디

워터파이어의 점화를 기다리는 사람들

어에서 출발한 것이었는데, 프로비던스 강 한가운데에 방향芳香 나무를 연료로 하여 불꽃이 타오를 수 있도록 금속 바구니를 설치했다. 그리고 검은 옷의 자원봉사자들이 강 위를 베네치아의 명물을 연상케 하는 동력 배를 타고 다니며 계속 관리하여 강가에 낭만적 풍경을 연출했다.

첫 번째 워터파이어 작업은 1994년 프로비던스의 열 번째 퍼스트 나이트First Night 행사를 기념하기 위해 한시적으로 시작되었지만, 전 세계에서 모인 수천 명의 참가자로부터 좋은 평가를 얻은 것을 계기로 프로비던스 강에 영구적으로 설치하고 동시에 이를 유지 관리하기 위한 NPO단체가 조직되었으며 이후 계속 성장하여 거의 상설이 되었다. 워터파이어는 축제로 시작해 일상이 된 대표적 사례이며, 도시 공간에 미친 파급 효과도 한시적인 것에서 지속적인 것으로 성장했다. 디자이너의 작위적 설계에 의해 의도된 대로 사람들의 이용 행태가 결정되는 것이 아니라 작은 아이디어로 시작한 보잘 것 없는 프로그램이 도시 전체의 경관에 영향을 미칠 수 있다는 사실을 알 수 있다.

로드아일랜드 프로비던스 워터파이어 축제

전략 디자인의 승리,
다운스뷰 파크 우승작
'트리 시티'

디자인보다 프로그램을 설계 전략으로 제시한 또 다른 예로 다운스뷰 파크 Downsview Park 공모전 당선작 렘 콜하스(OMA)+브루스 마우Bruce Mau의 '트리 시티Tree City'를 참고할 만하다. 캐나다 토론토의 공군 기지를 국립 도시 공원으로 조성한다는 목표 아래 1999년 다운스뷰 파크 국제 설계공모가 개최되었는데, 전 세계 총 179개 팀이 제안서를 제출하였고 렘 콜하스(OMA), 제임스 코너(Field Operations), 브라운 앤드 스토리 아키텍츠Brown+Storey Architects, 포린 오피스 아키텍츠Foreign Office Architects, 베르나르 추미(Bernard Tschumi Architects) 등 기라성 같은 다섯 팀이 결선을 벌여 우승작이 결정되었다. 공모전의 주요 과제는 부지의 사회적·자연적 역사에 합당한 혁신적 디자인 안을 진작시키는 동시에 새로운 생태계를 지원하고 증가하는 공공의 이용과 이벤트를 수용할 수 있는 새로운 경관을 구축하여 부지의 잠재력을 극대화하는 것이었다.

제목에서 풍기는 느낌과는 다르게 당선작이 말하는 트리 시티는 나무가 풍성한 도시가 아니라 자연과 문화의 연속성을 상징한다. 필자가 이 작품을 처음 대했을 때 더욱 충격적으로 느낀 것은 작품 패널 어디에도 우리가 흔히 접해 왔던 세련된 감각의 마스터플랜이 보이지 않고 상품의 로고나 홍보 문구 같은 전략들이 반복적으로 나열되어 있다는 점이었다. 브루스 마우는 이에 대해 "우리의 안은 결과물을 만든 것이 아니다. 그보다는 알고리즘이나 벡터를 디자인한 것에 가깝다"고 설명하며, "이것은 조경 디자인이 아니라 경관 전략이다. 형태를 디자인한 것이 아니라 전략을 디자인한 것이며, 디자인이라기보다 레시피다"라고 말한다.

'트리 시티'에서 반복되는 원은 트리 시티의 전략을 전달하는 매개체가 된다. 원의 매트릭스로 구성된 나무 군락은 도시화의 촉매로서 다운스뷰 파크를 토론토 주변의 녹지들과 연결시키고, '공원 안과 밖의 경계를 흐릿하게' 함으로써 공원을 도시로 확장시키고 도시 전반의 시스템을 새롭게 짠다는 전략이다. 또한 당선작은 여섯 가지 주요 전략을 제시했는데, 첫 번째 전략은 3단계의 시간별 전략으로 공원의 장기적인 발전과 진화를 가능하게 한다. 1단계에서는 부지의 토양을 개선하고, 2단계에서는 소로의 네트워크를 구축하며, 3단계에서 25%의 원형 수목 군락 매트릭스와 초지, 정원, 운동장을 조성한다. 이와 같이 단계적 진화 과정을 통해서 토지의 경제적 가치를 상승시키고 경계를 넘어 도시 영역으로 공원을 성장시키는 전략이다. 두 번째 전략은 부지를 자연 상태로 복원하지 않고 도시와의 소통을 위해 공원 내의 여가 활동, 이동, 상업적 발전을 위한 문화적 자연을 제조하는 것이다.

나운스뷰 파크 공모선 당선작,
렘 콜하스 + 브루스 마우의 트리 시티

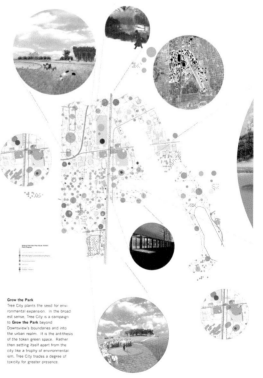

트리 시티에서 반복되는 원은
트리 시티의 전략을 전달하는 매개체다.

세 번째 전략은 공원으로 접근할 수 있는 1,000개의 소로를 제안하여 언제든 공원으로 다가갈 수 있고 또 갈 때마다 새로운 경험을 유발하는, 산책과 소풍이 일상이 되는 전략이다. 네 번째 전략은 비용이 많이 드는 건축물의 건설을 미루고 먼저 경관 자원을 인프라로 구축하여 토지 가치를 상승시키는, 희생과 구원의 전략이다. 다섯 번째 전략은 공원의 역동적 기능을 위한 다양한 옵션을 극대화하기 위해 다이어그램을 이용하여 임시 문화 프로그램을 계획하고 공원의 장기적 성장과 더불어 진화할 수 있도록 한 문화 돌보기 전략이다. 끝으로 여섯 번째 전략은 도시의 도로를 공원 안으로 끌어들여 공원이 목적지이자 도시의 진입로가 되는, 도시 인프라스트럭처의 중추 역할을 담당하게 하는 전략이다.

다운스뷰 파크 설계공모를 통해 조경가들은 공원에 대한 새로운 인식의 전환점을 마련할 수 있었다. 도시와 공원은 이분법적 관계가 아니라 도시가 공원이고 공원이 곧 도시여야 한다는 것이다. 또한 공원은 도시의 변화에 기여해야 하고 도시는 공원의 진화에 바탕이 되어야 한다는 것이다. 도시의 자연은 원시의 자연이 아니라 문화적 자연으로 구축해야 하며, 현대 도시에서 새롭게 발생하고 있는 포스트 인더스트리얼 부지에 대한 해법을 도시 공간 구조의 관점에서 고민해야 한다는 것 또한 다운스뷰의 교훈이다. 뿐만 아니라 다운스뷰 파크 공모전은 특정 시점의 완결된 마스터플랜이 아니라 부지의 맥락을 존중하고 시간의 변화에 유연하게 반응할 수 있는 유동적 설계안을 담은 프로그램과 프로세스 위주의 접근 방식이 필요하다는 것을 보여주었다. 조경 이론가 개빈 키니 Gavin Keeney는 당선작 '트리 시티'에 대해 "디자인의 승리라기보다는 콜하스라는 브랜드의 스타 아키텍트가 지닌 뛰어난 마케팅 전략의 승리다"라고 평했는데, 이전까지 '디자인'이야말로 조경가가 추구해야 할 최고의 지상 과제라고 맹신했던 많은 이들에게 적잖은 충격이있음이 분명하다.

도시의 문화 발전소
시카고 밀레니엄 파크

미국 시카고의 동쪽 미시건 호수에 인접한 밀레니엄 파크Millennium Park는 원래 새 천년을 기념해 2000년에 문을 열 예정이었으나 공사가 지연되면서 2004년 봄에 완공된 시카고의 대표적 랜드마크 공원이다. 아버지의 대를 이어 시장이 된 리차드 미셸 데일리 시장이 주도하여 원래 철도 차량 기지와 관제 센터였던 부지를 공원화했다. 밀레니엄 파크는 수많은 세계적 디자인상을 수상하며 명성을 얻었다. 이 공원의 성공 요인 중 주목할 만한 것은 무엇보다도 과거의 공원처럼 수목과 잔디가 가득한 풍경화식 정원 양식의 공원이 아니라, 도시의 문화를 살찌우고 예술가들의 활동 거점이 되는 문화 발전소 역할을 훌륭히 수행하고 있다는 점이다. 또한 성공적인 공원 개발로 시카고의 이미지를 개선할 수 있었고, 낙후된 지역 경제에 활력을 불러일으키고 도시 경쟁력을 높이는 데 큰 공헌을 했다.

시카고 밀레니엄 파크와 매기 데일리 공원

밀레니엄 파크 내의 제이 프리츠커 파빌리온

밀레니엄 파크가 성공한 가장 큰 이유는 건축, 조경, 예술의 장르를 막론하고 세계적으로 저명한 작가들이 참여해 만든 다양한 공원 건축물과 시설이 전체적으로 조화를 이루며 문화 공원으로서의 가능성을 보여주었다는 점이다. 스페인 빌바오의 구겐하임 미술관으로 널리 알려진 해체주의 거장 건축가 프랭크 게리 Frank O. Ghery가 설계한 제이 프리츠커 뮤직 파빌리온Jay Pritzker Pavilion은 4,000명을 수용할 수 있는 야외 노천극장으로, 각종 오케스트라 공연과 다양한 이벤트가 연중 끊이지 않고 펼쳐진다. 잔디 구역까지 포함하면 10,000명이 넘는 사람들이 관람할 수 있는데, 관객의 시선을 모으기 위해 격자형 패턴의 열린 캐노피가 잔디 구역을 두르고 그 사이로 음악이 울려 퍼지게 대형 음향 장비를 설치했다. 구불구불한 혈관 모습을 닮았다 하여 일명 '혈압 브리지'라 불리는 B. P. 브리지는 프랭크 게리가 "시카고의 오래되고 복잡한 공간을 이 다리 디자인 하나로 바꾸었다"고 자랑할 만큼 아름다운 보행교다. 부족한 접근 동선을 보완하고 미시건 호수로의 경관을 확보하면서 기능과 예술성을 동시에 겸비한 다리가 되었다. 이 다리를 지나면 아름다운 호수의 풍경과 함께 멀리서 들려오는 음악 소리까지 감상할 수 있다.

구불구불한 혈관의 모습을 닮았다하여 일명 '혈압 브리지'라 불리는 B.P Bridge

하우메 플렌자(Jaume Plensa)가 설계한
크라운 분수

    이외에도 퐁피두 센터Centre Pompidou로 유명한 이탈리아 출신의 하이테크 건축의 대가 렌조 피아노Renzo Piano가 설계한 엑셀론 파빌리온Exelon Pavilion, 해먼드 Hammond, 비비Beeby, 루퍼트Rupert, 에인지 아키텍츠Ainge Architects가 공동 설계한 해리스 극장Harris Theater for Music and Dance 등 독특한 디자인의 첨단 건축물들이 공연과 예술이 일상적으로 펼쳐지는 문화 활동의 거점이 되고 있다. 스페인 출신의 예술가 하우메 플렌자Jaume Plensa가 설계한 크라운 분수Crown Fountain는 50피트 높이의 분수탑으로, 유리 블록과 2,000개의 화려한 LED 조명이 조합을 이루어 시카고 시민 1,000명의 얼굴을 합성해 도시에 다양한 표정과 인상을 연출해 준다. 울고 웃는 다양한 표정의 이 영상은 다민족 구성원으로 이루어진 시카고 시를 하나로 통합하는 상징적 장치이며 시민들의 참여와 흥미를 유발하는 훌륭한 도구이기도 하다. 독창적 형태로 밀레니엄 파크의 랜드마크가 된 클라우드 게

이트Cloud Gate는 아니쉬 카푸어Anish Kapoor가 디자인한 은색 스테인리스 조형물로, 반사된 표면의 왜곡된 형상을 통해 자연과 인간의 참 모습을 생각하게 해 준다.

밀레니엄 파크는 또한 주변에 산재해 있는 시카고 미술원, 각종 문화센터, 심포니 홀, 박물관 등 지역 문화 예술 공간과 유기적으로 연결되어 튼튼한 문화 네트워크 체계를 구성한다. 뿐만 아니라 공원의 성장과 더불어 인근 지역의 부동산 가치를 상승시켜 세수를 늘리는 한편 경제 발전에 크게 기여하여 시카고의 보물 같은 공원이 되었다. 시카고 밀레니엄 파크는 이전까지 대형 공원의 모델이었던 뉴욕 센트럴 파크의 픽처레스크 스타일의 한계를 극복했다. 생동하는 자연과 다양한 문화가 어우러진 문화 공원의 이정표를 제시한 것이다.

아니쉬 카푸어가 디자인한 클라우드 게이트

밀레니엄 파크의 전경

포스트 인더스트리얼
파크의 탄생
개스 웍스 파크

개스 웍스 파크Gas Works Park는 미국 시애틀의 레이크 유니언Lake Union의 북쪽 호
안에 위치한 넓이 약 77,000m²의 공원이다. 시애틀 열병합 발전소가 1956년까
지 운영되었던 곳인데, 버려진 건물들과 공장 지대를 1962년 시애틀 시 정부가 구
입하게 된다. 1970년대에 들어와 이 부지를 시민을 위한 공원으로 만들자는 여
론에 힘입어 수차례의 공청회와 시애틀 시 정부의 노력에 의해 공원화 계획이 결
정된다. 시애틀 기반의 조경가 리차드 하그Richard Hagg가 이 공원의 설계를 위한

마스터 플래너로 지명되었고, 하그는 오랜 기간 동안 철저한 부지 분석과 조사를 통해 현장에 버려진 공장들을 보존하면서 철골 구조물들을 예술 오브제로 새롭게 재생시키는 혁신적인 아이디어를 제출하게 된다. 그는 이러한 과정을 "의식을 넘어서는 조합"이라고 표현하며 부지의 제한 조건을 독특한 성격으로 재해석하여 "역사적, 심미적 그리고 실용적 가치"를 구현하고자 했다.

리차드 하그의 최종 마스터플랜은 마리나marina와 프롬나드promenade, 그레이트 마운드great mound로 전체 공간을 구성하고 공장 구조물들을 놀이공간, 미술관, 음식점, 영화관으로 재사용하는 파격적인 안이었다. 그러나 당시로서는 매우 혁신적이었던 그의 설계안은 공원 하면 으레 센트럴 파크 같은 이미지를 떠올리던 시애틀 시와 시민들에게 받아들여지기 쉽지 않았다. 치열한 논쟁을 거치며 이 안의 실행 가능성을 뒷받침하기 위해, 하그는 조경가 로리 올린Laurie Olin의 도움을 받기도 했고 미생물과 식물을 이용한 환경 정화 방법bio-phyto remediation을 통해 흙과 물을 정화하는 등 기술적 제안을 시도하기도 했다. 그러나 결국 재정 문

개스 웍스 파크

해변에 위치한 개스 웍스 파그는
시애틀의 아름다운 해안 경관과 수평선을 바라 볼 수 있는
멋진 풍경을 자랑한다.

개스 웍스 파크

174

제와 실제 적용상의 기술적 문제로 인해 원안의 일부만 수용되었다. 기존의 공장 건물들이 타워(아이들의 체험과 놀이 장소), 콘크리트 고가교(석탄 램프의 콘크리트 하부 구조), 놀이 헛간(펌프 건물을 이용한 놀이 공간), 피크닉 그늘집(보일러 시설을 리모델링한 피크닉 공간)으로 이용되며 공원 시설로 재생되었다.

　호숫가에 위치한 개스 웍스 파크는 시애틀의 아름다운 호수 경관과 스카이라인을 감상할 수 있는 멋진 풍경을 자랑하며 시애틀 시민과 관광객들이 산책, 피크닉, 레크리에이션을 즐기는 명소가 되었다. 리차드 하그는 이 프로젝트의 성공적인 수행으로 미국 조경가협회의 최고 디자인상을 비롯해 많은 상을 수상했다.

포스트 인더스트리얼 파크
뒤스부르크-노르트
랜드스케이프 파크

독일 루르 강변의 중공업단지에 위치한 뒤스부르크-노르트 랜드스케이프 파크 Duisburg-Nord Landscape Park는 독일 최대의 철강 기업인 티센Thyssen의 주력 제철소 가 가동되던 곳이다. 20세기 후반에 접어들면서 철강 산업이 쇠퇴의 길을 걸으며 공장이 이전하고, 녹슨 공장 시설이 방치된 땅에 새롭게 공원이 조성되었다. 폐기 된 공장 부지, 이전까지 쉽게 볼 수 없었던 이 새로운 유형의 산업 유산은 조경가 에게 던져진 도전적 과제였다. 이 모험적 과업을 피터 라츠Peter Latz와 그의 동료들

뒤스부르크-노르트 랜드스케이프 파크

이 훌륭하게 완수해 냈다.

230ha에 달하는 공장 지대를 대상으로 1989년 개최된 설계공모에서 피터 라 츠는 기존 구조물을 최대한 존치하는 설계안을 제시하여 프랑스 조경가 베르나 르 라수스Bernard Lassus와 최종 경합을 벌인 끝에 설계자로 선정되었다. 그는 제철 소가 가동되던 흔적을 없애는 대신 석탄을 나르고 철을 운반하던 철로와 용광로 가 있던 거대한 공장 건물을 그대로 남겼고, 부속 건물 역시 벽체를 남긴 채 원형 을 유지했다.

부지 내에서 가장 높게 웅장한 모습으로 남아있는 용광로 건물에 전망대를 설치하여 공원 전체의 파노라마 뷰를 제공하고, 야간에는 형형색색의 조명을 연 출하여 환상적인 야경을 선사한다. 길고 가파른 경사의 계단을 따라 올라가는 도중에는 기존의 공장 내부 시설을 엿볼 수 있고, 과거 공장 시설에 대한 안내판 이 설치되어 있어 교육적 효과도 있다. 인근 지역이 거의 평야 지대인데, 이 50m 높이의 전망대에 올라 주변 경관을 감상할 때의 감격이 필자의 기억에 아직도 생 생하다. 전망대 외에도 이전 시설들을 다양한 방식으로 재활용했다. 냉각탑은 물 을 다시 채워 스쿠버 다이빙 연습장으로 재탄생했고, 지붕이 철거된 거대한 콘크 리트 옹벽은 암벽 등반 훈련장으로 각광받고 있다. 캣워크catwalk라는 이름 붙여 신 고가 보행로는 광석 벙커 정원 지역의 상부로 지나가, 다양한 관목과 세덤류가 자라나고 있는 작은 정원을 내려다보는 색다른 선형의 시각적 경험을 제공한다.

이 낯선 공원이 완공된 후, 피터 라츠는 푸른 잔디밭과 울창한 숲으로 구성된 공원을 기대했던 사람들로부터 '디자인을 너무 소극적으로 한 게 아닌가'라는 비 판을 듣기도 했다. 그러나 목가적인 풍경으로 대변되던 과거의 공원과 확연히 구 분되는 산업 유산 공원의 새로운 모습은 현대 조경사에서 중요한 전기가 되었다. 도시 변화에 대응할 수 있는 새로운 공원의 모델이 되었고, 부지의 장애물을 오 브제로 남기는 전략으로 자연과 문화의 거리를 좁힐 수 있었으며, 중금속에 오염 된 토양을 생물학적 처리 과정을 통해 정화하고 새로운 우수 처리 시스템을 고안 한 것이다. 방치된 땅에 새로운 사회적 생명을 부여하고 도시 문화와 결합된 다양 한 이벤트를 생성시킨 뒤스부르크-노르트 파크는 사회적, 미학적, 환경적 복원을 이루어낸 선구적 작품으로 평가받고 있다.

독일 최대의 철강기업인 티센의 주력 제철소가 자리하고 있던 곳에 조성된 뒤스부르크-노르트 랜드스케이프 파크

뒤스부르크-노르트 랜드스케이프 파크의 암벽 등반장, 무대, 고가 보행로

융복합적 창조 마당
당인리 복합화력발전소
공원 계획

당인리 복합화력발전소는 국내 최초의 화력·열병합 발전소이자 지난 40여 년간 서울 중부권에 전력과 난방을 공급한 서울 유일의 발전소였다. 시설 노후와 설계 수명 종료로 지하 공간에 발전소를 새로 조성하고 지상에는 공원과 함께 융복합 예술을 견인하고 실험적·예술적 창작과 문화 진흥을 위한 복합 예술 공간인 문화 창작 발전소를 조성하는 설계공모가 개최되었다. 이곳처럼 용도가 폐기되어 오랜 기간 차단되어 있다가 개방되는 사이트에서 중요한 것은 도시적 맥락을 연결해 주고 주민들이 이곳을 자신의 영역으로 여길 수 있게 해 주는 것이다. 이 설계 대상지에서 중요하게 다루어야 할 점은 우선 도시를 한강까지 자연스럽게 연결하는 것이다. 조경가와 예술가에 의해 완성되는 탑-다운 방식의 공원 설계가 아니라, 문화의 소비자인 주민들이 직접 문화의 생산자로 참여하며 예술가, 방문객, 관리자 등과 서로 얽혀서 그 과정에 참여하는 설계 또한 중요하다.

그룹한은 이러한 목표를 달성하기 위해 다섯 가지 핵심 요소를 제시했다. 첫째는 상징적 경관과 이미지 형성을 위해 '주어진 환경을 어떻게 개선할 것인가'에 대한 것이나. 둘째는 노시 맥락에서 대상지 읽기를 통해 노시와 어떻게 소봉할 것인가'에 대한 것이다. 셋째는 대중과 함께하는 창작 문화예술마당을 위해 만들어진 공간을 '어떻게 활성화시킬 것인가'에 대한 것이다. 넷째는 산업 유산과 문화의 결합을 통한 도시의 재생을 위해 '무엇을 남기고 어떻게 활용할 것인가'에 대한 것이다. 끝으로 다섯째는 지속가능한 공원을 위해 '환경을 어떻게 개선할 것인가'에 대한 것이다.

첫째, 상징적 경관과 이미지 형성을 위해 도시와 한강을 연결하고 주변 도시의 맥락을 연결하기 위한 보행 동선을 확립한다. 그리고 창작 마당의 새로운 조성

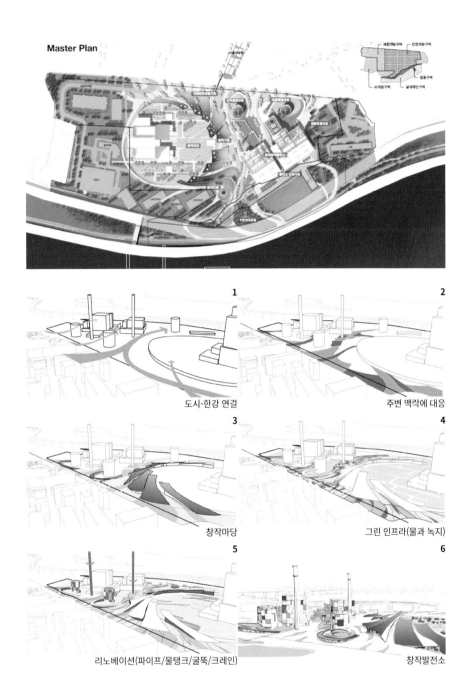

Master Plan

1
도시-한강 연결

2
주변 맥락에 대응

3
창작마당

4
그린 인프라(물과 녹지)

5
리노베이션(파이프/물탱크/굴뚝/크레인)

6
창작발전소

과 그린 인프라스트럭처의 형성, 상징적 산업 유산인 굴뚝과 크레인, 파이프와 물탱크 등을 새로운 용도로 리노베이션해 창작 발전소로 재탄생시키는 과정을 거친다. 산업 시대 원동력의 상징인 발전소의 굴뚝은 미래 도시의 성장 동력이 되는 창작 발전소의 상징으로 재생된다.

당인리 복합화력발전소 공원 조감도

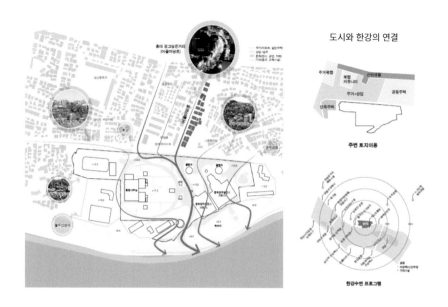

도시와 한강의 연결

지역과 상생하는 에지 커뮤니티

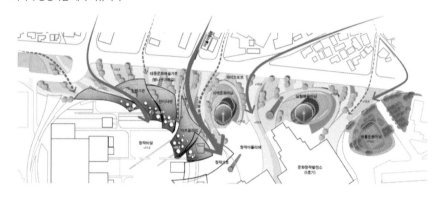

　　둘째, 도시와의 소통을 위한 방안이나. 오랜 시간 난설된 대상지는 마쏘의 외딴섬과 같았다. 지역의 필요와 소통이 없는 한 물리적 경계가 허물어진다고 달라지는 것은 없다. 그러므로 인위적 오브제로 치장된 박제화된 공원이 아니라 지역의 요구와 문제를 해결하는 대안이 필요하다. 홍대 '걷고 싶은 거리'로 대표되는 지역 문화의 발전적 확산을 위해서는 홍대 문화의 변화 과정에서 자본 중심의 상업화로 위축되었던 다양한 실험 예술과 대안 문화, 대중의 자발적 참여와 창작 욕구를 수용하는 커뮤니티의 장이 요구된다. 지역과 맞닿아 있는 경계부로부터 시작해 내부로 확산하는 전략이 요구된다.

도시와 한강을 이어 물과 녹지의 순환 체계를 회복시키고 한강의 다양한 수변 프로그램을 지역과 연결시킴으로써 주민의 삶의 질은 물론 대상지 접근성을 획기적으로 개선한다. 지역과 상생하는 에지 커뮤니티는 작은 커뮤니티를 기반으로 하는 예술 문화 공간이다. 창작 생활 공동체를 형성하고 사람들을 연결하며 커뮤니티 기능을 충족시키는 가로 공원인 동시에 이용객이 손쉽게 접근하고 상시 이용할 수 있는 일상의 공원이다. 실험예술마당은 발전소의 물탱크를 활용한 문화 예술 커뮤니티 공간이다. 지역 주민과 예술인을 포함해 창작 의지를 지닌 누구나 자신의 창작물을 연습, 시연, 공유, 발표할 수 있는 실험 무대이며 참여에 의해 만들어지는 갤러리다. 지역 주민의 참여 작품으로 채워져 가는 미완의 공간이자 신재생 에너지 활용과 빗물 순환 체계를 지원하는 지속 가능한 열린 마당이다.

실험예술마당
발전소의 물탱크를 활용한 문화예술 커뮤니티공간이다.
지역주민과 예술인을 포함해 창작의지를 가지는 누구나 자신의
창작작품을 연습, 시연, 공유, 발표할 수 있는 **실험무대**이며,
참여에 의해 만들어지는 **갤러리**다. 지역주민의 참여작품으로
채워져 가는 미완의 공간이자 신재생에너지 활용과
빗물순환체계를 지원하는 지속가능한 열린마당이다.

태양광(신재생에너지)
참여갤러리
벽면녹화
미디어 갤러리
스탠드 거리공연
자룡조(용량 · 350㎡)
미디어 힐(Media Hill)
참여갤러리
창작 아틀리에

셋째, 대중과 함께하는 창작 문화예술마당을 통해 지역적, 역사적, 상징적, 환경적 맥락과 결합된 예술 문화 창작 기반을 조성하고 창작 마당을 중심으로 창조적 문화 행위를 촉진한다. 영역 구분zoning에 의해 분절된 공간이 아니라 확장된 체계로서, 상호 침투적인 공간의 관계를 엮어 체험과 상호 관계를 바탕으로 한 공간을 구성하고 참여자들에게 자연스러운 네트워크와 체험, 문화 향유의 기회를 제공한다. 단순히 예술 작품을 관람하는 것이 아니라 일상의 맥락에서 공간으로 들어와 생산자와 자연스럽게 소통하는 공간을 체험하며 문화 생산자만이 아닌 관람자와의 소통을 촉발한다.

Pipe **POT**

발전소 파이프를 활용
공원의 조성과 변화과정에 참여하
창작마당의 문화예술적 경관창조

문화적 창발성

1=1   1+1+1=5   1+1+...=∞

창작마당
발전소의 상징성을 강화하는 다양한 문화창작 커뮤니티

186

파이프를 활용한 발전소 이미지 구축

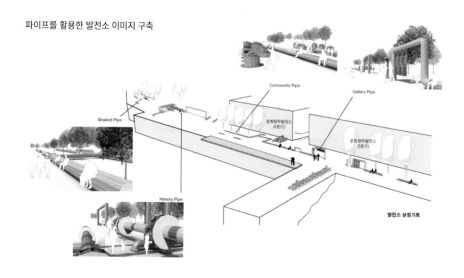

문화예술경관

대상지는 그 자체로 다양한 문화창작이 일어나는 캔버스와 같은 공간이다. 작가와 주민 참여에 의한 다채로운 창작 활동의 과정과 결과물은 공원의 전체 경관이미지를 지배하는 중요한 인자이며, 지역사회의 가치를 높이는 문화예술적 경관요소이다.

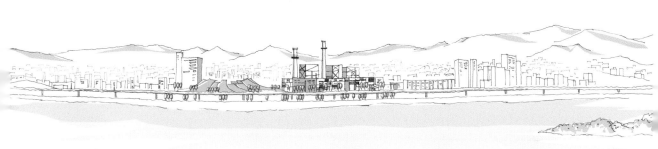

융복합적 창작 마당의 예로 파이프pipe 정원을 제안한다. 발전소에서 사용되던 파이프를 활용하여 참여에 의한 창작 정원을 조성한다. 주민들은 공원의 조성과 변화 과정에 참여하여 창작 마당의 문화 예술 경관을 만들어 갈 수 있다. 작가와 발전소 관계자뿐만 아니라 다양한 계층과의 협업을 통해 지역 주민간의 화합을 이룬다. 사회적 변화에 따라 달라지는 시민들의 요구에 대응하여 커뮤니티 규모에 따라 다양한 방식으로 참여하며 커뮤니티, 경관, 문화적 탄력성을 갖는다.

넷째, 산업 유산과 문화의 결합을 통한 도시재생 방안이다. 참여의 매개로 시민 참여 갤러리를 조성하여 대중문화 예술 가로와 연계해 지역 주민들이 활용할 수 있는 참여형 문화 공간과 작가들이 새로운 창작 활동을 실험해 볼 수 있는 테스트 베드로 활용한다. 순환의 기반으로 카페테리아와 거울못을 만들고 물탱크의 장소적 기어을 활용한 커뮤니티 공간으로 작가와 작가, 작가와 주민, 주민간의 소통과 교류를 촉진한다. 빗물을 저류, 활용함으로써 지속가능성을 실험하는 공원의 상징적, 교육적 장소로 활용한다. 장소의 상징으로 옐로우 파이프를 재활용한다. 발전소의 해체 과정에서 발생하는 다양한 크기의 파이프를 상징적으로 활용한다. 노란색 파이프 라인은 발전소 상징 가로를 따라 이어지며 역사 교육, 휴게, 전시, 녹화의 매개로 재생되고, 작가 및 주민 참여를 통해 다양한 표정을 연출한다.

발전소 상징 가로는 당인리 발전소 산업 유산의 아카이브다. 최초의 화력발전소인 당인리 서울복합화력발전소의 역사와 발전의 흐름을 보여수는 기념석인 공간 연출로 자긍심과 인식의 전환을 유도하여 지역성을 담는다. 기존의 파이프를 적극 활용하여 시각적 흥미를 유발하고 연속적인 흐름에 의한 전시와 놀이, 경관, 휴식, 커뮤니티 등의 기능을 제공한다.

끝으로, 지속가능한 공원을 위해 탄소 발생을 최소화하는 친환경 공원을 만든다. 서울복합화력발전소의 용량 증대에 따른 온실가스 배출량 증가를 고려한 탄소 저감 대책을 수립하여 도시 환경 변화에 지속적으로 대응할 수 있는 친환경 공원으로 조성한다.

포스트 인더스트리얼 부지에 대한 이상적 대안을 마련하기 위해서는 공간의 물리적 재건립을 통한 단순한 재사용이나 재순환이 아니라 지역 주민의 다양한

커뮤니티 프로그램, 시간, 계층의 요구를 구체적으로 현실화할 방안이 필요하다. 물리적 공간인 동시에 그 시대와 사회의 신념과 사건을 기록한 의미 전달 체계로서 문화적·사회적 공공 공간인 예술 창작 공간은 재순환의 역할을 하게 되며, 과거와 미래, 인간의 환경, 인간과 사회, 인간과 인간 사이를 매개하는 문화적 메시지 체계가 될 수 있다. 예술 창작 공간은 지역이 추구하는 것을 목표로 이미지를 설정함으로써 전략적 커뮤니케이션 활동을 이끌어 낼 수 있다.

문화가 있는 정원
순천만 국제정원박람회

2013년 개최된 순천만 국제정원박람회 국제 설계공모에 그룹한은 '순천의 정원, 천 개의 길'이라는 주제로 단순한 관람이 아니라 새로운 한국적 정원 문화의 탄생을 위한 문화적 전략을 제시한 계획안을 제출했다. 순천은 예로부터 어디서나 가, 무, 악을 접할 수 있는 멋과 맛의 고장이었고, 곳곳에 별서 정원이 산재해 있는 정원 문화의 본산이자 문인 문화의 전통이 가득한 예향이었다. 세계 5대 연안 습지인 순천만이라는 천혜의 자연 경관을 낀 아름다운 해안 도시 순천에서 개최되는 정원박람회의 비전은, 시각적 요소가 중심이 되는 위락과 레크리에이션 환경의 대표로 인식되어 온 소극적 의미의 정원을 넘어 정원이 사회 전반의 건강 수준의 쇠퇴, 문화 예술의 결핍, 에너지와 환경의 위기라는 전 지구적인 절실한 요구에 적극 부응해야 한다는 것이었다. 즉 순천만 국제정원박람회는 관습적으로 해외 정원 양식을 모방하는 데에서 벗어나 새로운 정원의 가능성을 탐색하고 비전을 제시하는 장소여야 한다는 것이다.

순천만 국제정원박람회 계획안 조감도

그늄한은 남도 정원 및 한국의 선통 정원, 세계 각국의 정원 양식이 어떻게 건강, 문화 예술, 에너지와 환경 문제에 대한 새로운 해답이 될 수 있는지 아이디어를 제시하고자 했다. 또한 기존에 우리가 정원의 구성요소라고 생각하지 못했던 것들이 지구적 문제를 해결하기 위해 어떻게 정원으로 탈바꿈하는지를 제시하면서 동시에 정원박람회의 일회적 성격을 극복하고, 지속적으로 지역 경제를 견인할 수 있는 정원에 대한 새로운 의미를 찾으려 노력했다.

첫째, 박람회장 전체 동선을 구상함에 있어서 주어진 동선을 따라가며 정해진 오브제를 보는 방식에 만족하지 않고, 각자의 뚜렷한 개성으로 루트를 선택하고 주어진 시간에 다양한 체험을 할 수 있도록 하는 '천 개의 길'이라는 설계 전략을 제시했다. '천 개의 길'은 루트의 선택에 따라 각각 다른 경험을 할 수 있는, 담양 소쇄원에서 볼 수 있는 일보일경의 원리를 차용한 것이다. 각 공간은 독립적이면서도 연관되어 있고 선형의 루트를 지양하며 다양한 선택이 가능하도록 하

는 전략이다. '천 개의 길'은 여러 개의 루프loop로 통합되는데, 루프는 확정된 정
원의 경계를 형성하여 양편으로 다른 경험을 제공하기도 하고, 합성된 정원의 내
부를 관통하기도 한다. 또 작은 루프들이 모여 보다 큰 루프를 구성하고, 이러한
루프들은 부지 전체를 이우르며 부지의 경계를 형성하는 마스터 루프에 통합된
다. 루프의 폭, 재질, 곡률은 지속적으로 변화하며 주변 공간과 대응한다. 여러 개
의 루프가 만나는 곳에는 소규모 파빌리온을 설치하여 전망과 관찰 기회를 제공
한다. 또한 부지 외곽으로 갈수록 높은 밀도의 루프와 구조물을 형성하여 도시적
이며 인공적인 공간을 만들고, 내부로 들어갈수록 낮은 밀도의 루프와 큰 면적의
경관을 형성하여 보다 자연적인 공간을 창출한다.

두 번째 전략은 홍수 예방과 지형 조작에 대한 해법이다. 이 부지는 폭우 시
해룡천변을 중심으로 주기적 범람을 겪어 왔는데, 계획안은 동천과 해룡천변의 제
방을 확대하여 홍수에 안전한 에지 컨디션edge condition을 조성하고, 홍수량을 부
지 내부로 유도하여 갈대밭(유기 정화)과 습지(무기 정화)의 반복에 의한 자연 필터링을

가능하게 했다. 부지 중앙에 조성하는 저류지는 치수와 정화, 생태적 기능을 동시에 수행하는 거대한 에코 필터로서 박람회장의 상징적 환경 인프라스트럭처다.

다음으로, 각 정원의 공간 구성에 대한 전략으로 융복합적 정원 아이디어를 제시했다. 기존 박람회에서는 테마에 맞는 정원들을 클러스터로 구역화하는 것이 일반적이었는데 반해, 이 계획안은 획일적 구분을 지양하고 각 정원의 머지스케이프merge-scape를 통해 창의적이고 선명한 테마를 제시했다. 즉 프랑스 정원과 태양 에너지 정원의 융합, 일본 정원의 식물 정화phyto-remediation 정원으로의 재탄생 등에 대한 통찰을 보여주었다. 테라스 형식의 물의 정원은 도시의 하드 에지와 자연의 소프트 에지가 만나는 공간으로, 다양한 습지 식물의 서식처가 되며 도시민에게 휴식처를 제공한다. 빗물 정화 정원과 캐스케이드 형식의 수질 정화 정원을 차례로 거친 깨끗한 물은 교육의 장이자 수영장으로 활용되는 활동적 레크리에이션 공간이 된다. 카누 체험장은 생태 습지를 가까이에서 체험하며 여가를 즐길 수 있는 레크리에이션 장이다. 세계의 정원은 지구촌의 다양한 정원 문화와 환경 이슈를 접목시킨 창의적 전시 프로그램을 제공하며, 우수와 도시 유출수를 정화하여 중앙 습지에 공급하는 에코 필터로서 매개체 역할을 한다. 에너지 정원은 친환경 에너지를 개발하는 공간에 예술과 정원이라는 개념을 도입한 지속가능한 정원으로, 미래를 향한 정원의 가능성을 제시한다.

길과 풍경이 만나는
문화 생성소
동부산 관광단지

부산의 새로운 명소로 재탄생하고 있는 동부산 관광단지 설계공모에서 그룹한은 4의 제곱이라는 설계 개념으로 대상지가 가진 바다, 산, 천, 들의 네 가지 풍경과 이를 경험하는 두 개의 길을 결합하여 자연의 가치와 문화적 잠재력을 최대한 끌어내는 설계안을 제시했다. 대상지는 전체 길이가 약 6km(15리)에 이르는 좁고 긴 선형으로, 해변 공원을 시작으로 녹지, 천변 공원, 워터프런트 공원 등 성격이 서로 다른 풍경과 만난다. 이러한 다양한 경험은 대상지가 가진 가장 큰 장점이며 새로운 명소로 거듭날 기회를 제공해 준다.

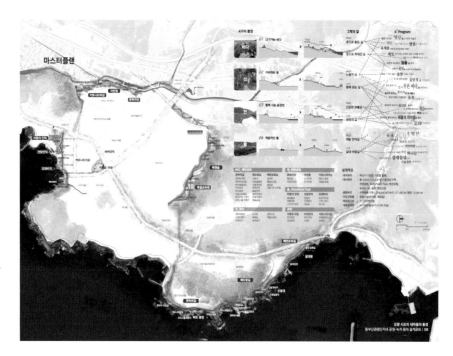

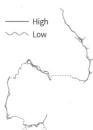

—— High
∿∿ Low

바다
천
산
들

4² Program

각 공원은 높은 곳과 낮은 곳을 갖는 경사 지형에 위치한다. 이 지역은 낮은 구릉으로 이루어진 경관적 특징을 갖는데, 새로 부지를 정지하면서 인위적 비탈면과 지형 차이가 발생하게 되었다. 그룹한은 설계 전략으로 대상지를 따라 길게 이어진 약 15리에 이르는 높낮이를 달리하는 2개의 길을 제시했다. 하이high는 높은 곳을 걸으며 조망하는 길이고, 로우low는 낮은 곳에서 자연을 접하고 직접 교감을 가지는 길이다. 하이와 로우로 이루어진 2개의 길은 네 가지 풍경으로 나뉜 대상지를 하나로 엮어주는 '골격'으로 기능한다. 2개의 길은 과도하지 않은 최소한의 공원 인프라 시설로, 공원의 경계를 넘어 단계적으로 완성될 주변 개발지들로 연결되어 네트워크를 형성한다.

2개의 길은 대상지의 네 가지 풍경이 지닌 강점과 결합하여 다음 네 가지 고유한 성격을 지니는 문화 공간을 만든다. 바다의 높은 길은 지역의 자생 초화로 물든 길이며, 낮은 길은 시간에 따라 변화하는 바다의 빛으로 채워진 길이다. 산의 높은 길은 유유자적하게 숲 사이로 발걸음을 옮길 수 있는 느리게 걷는 길이며, 낮은 길은 담소를 나누며 여럿이 함께 걸을 수 있는 길이다. 천의 높은 길은 주민들의 여가를 지원하는 건강한 생활의 길이며, 낮은 길은 하천의 동식물과 공생의 가치를 실현하는 생명의 길이다. 들의 높은 길은 완만한 구릉지를 넘나드는 하늘 언덕길이고, 낮은 길은 바람에 춤추는 갈대숲 사이를 걷는 바람 길이 된다.

이렇게 완성된 4의 제곱 프로그램 전략은 공원 프로그램의 산술적 생성이 아닌 기하급수적 생성을 의미한다. 네 가지 풍경과 두 개의 길이 만나 의도된 이용에 따라 한정된 공간을 생성하지 않고 우연성contingency과 유연성flexibility이 일상

꽃으로 물든 길 · 빛으로 물든 길 · 바다

느리게 걷는 길 · 함께 걷는 길 · 산

건강한 생활길 · 생명의 길 · 천

하늘언덕길 · 갈대바람길 · 들

성dailiness을 갖는 의도되지 않은 프로그램이 생성되길 기대하는 전략이다. 대상
지에서 찾아낸 생태적·경관적 잠재력이 큰 네 가지의 풍경이 이 대상지가 가지는
독특한 지형적 특징인 서로 다른 높이의 두 개의 길과 결합하여, 시간과 공간의
변화에 따라 의도되지 않은 무수히 많은 자생적 프로그램이 생성되고 확대 재생
산되기를 기대하는 전략인 것이다. 이렇게 만들어진 두 개의 길은 바다-산-천-
들의 풍경을 따라 15리 길을 끊임없이 연결하며, 인접하는 토지 이용 및 자원의
성격에 따라 새로운 모습으로 변해 간다. 높낮이가 다른 두 개의 길과 네 가지 고
유한 풍경을 결합하여 빚어낸 오랑 '시오리길'은, 지역 고유의 생태와 경관을 훼손
하여 이질적인 공간을 만들기보다는 본래의 가치와 감성을 극대화시켜 아름답고
도 독특한 문화적 공간을 창조할 것이다.

해변공원, 크리스탈 데크

해변공원, 바다 체험 데크

해변공원, 갯바위 데크

워터프런트공원, 모래 비치

녹지, 계절초화원

천변공원, 테라스정원

V

공간과 시간

조경은
공간의 창조인가
시간의 창조인가

조경가들은 주로 '공간'을 설계하며 주어진 대상지 내에서
스케일의 과장이나 축소를 통해 공간감을 조작하거나
공간에 부여된 다양한 프로그램을 통해 이용자의 행위를 규정한다.
공간이 어떤 상징성을 갖도록 하는 일에도 많은 정성을 들이곤 한다.
하지만 작은 면적의 공간이라 하더라도 사람들이 공간의 한계를 넘어
오래 머무를 수 있도록 시간을 극대화하는 디자인도 가능하지 않을까?
과도한 도시화로 더는 자투리땅조차 찾기 힘든 오늘날의 도시 공간에서
우리는 공간뿐만 아니라 시간이라는 새로운 설계 요소에도 주목해야 한다.
눈으로 보이는 공간과 피조물의 디자인에만 그치지 않고
시간이라는 보이지 않는 요소를 설계에 반영해 현대의 바쁜 일상에 지친
도시민들에게 여유와 안식을 줄 방법을 고려해 보아야 한다.

시간과
조경 설계

사전의 정의에 따르면, '시간'은 어떤 시각에서 어떤 시각까지의 사이다. 세계의 모든 변화 및 무변화에서 유지되고 있는 어떤 것을 시간이라고 하는데, 이를테면 시간은 인간과 외부 세계와의 접점에 나타나는 것이다. 가령 나는 '현재', 외부의 세계를 보고 듣고 느끼고 있다. 그것은 '과거'로 연결되며 또한 '미래'로도 연결된다. 그런 인간과 세계의 접점으로 표시되는 현재, 과거, 미래의 세 가지 양태를 관철하는 것을 시간이라고 정의할 수도 있다. 원래 과거, 현재, 미래라는 시간의 3태의 어디에 주안점을 둘 것인가의 문제는 시간을 둘러싼 중요한 논점 중의 하나다.

시간의 흐름에 대한 시간론의 계보를 살펴보면, 첫 번째는 시간을 직선적 흐름으로 보는 입장이다. 이는 유대·그리스도교적 세계관에 나타나는데, 시점(신의 손에 의한 세계 창조)과 종점(최후의 심판) 사이에 흐르는 일직선의 흐름 위에서 이 세계의 변화가 하나의 드라마로 전개된다고 생각하는, 이른바 종말론적 시간론이다. 반면 인도나 그리스에서는 시간은 흘러도 회귀적이며, 구조로서는 나선형의 모델로 파악할 수 있다고 본다. 이는 자연계에서 일어나는 사상의 반복(천체의 운행, 동식물의 생활사, 계절의 순환 등)을 토대로 시간 감각이 구축되었다는 것을 나타내고 있다. 셋째로 불교적 관점에서의 시간은 '무상無常'이다. '제행무상諸行無常', 즉 변화해서 정해지지 않는다는 의미에서 항상적인 세계의 부정이 아니라, 오히려 변화하는 세계의 근원을 적극적으로 표현하고 있다.

시간론을 (공간론과 함께) 상세하게 체계적으로 마무리한 것은 그리스 사상의 영향을 받은 중세 유럽의 스콜라 철학이다. 스콜라 철학의 시간관을 요약하자면 현재는 어떻게 리얼하다고 할 수 있는가에 대한 물음이다. 과거는 '이미 없는' 것이며, 미래는 '아직 없는' 것이다. '이미 없는' 것과 '아직 없는' 것의 접점에 '현재'는 일종의 통과점으로서 존재하는가? 시간은 어떻게 분할할 수 있는가? 원래 시간은 어디에 있는가? 아우구스티누스는 이런 문제를 풀 열쇠를 인간의 혼(정신)에서 구했다. 정신이야말로 자신 속에 과거, 현재, 미래를 통일적으로 파악하고 영원 속에 분할된 시간 간격을 파악해서 시간의 지속을 파악할 수 있다고 여기는 심리주의적 시간 해석이다(『종교학대사전』, '시간' 참조).

조경 설계를 통해 시간을 다루는 방법은 크게 네 가지로 구분해 볼 수 있다. 첫째는 역사적 공간, 문화재, 유적지 같은 곳을 과거의 모습으로 되살려내는 '단순한 과거의 재현'이다. 둘째는 용도 폐기된 과거의 유산에 현대적 쓰임새를 덧대 새로운 공간으로 재생시키는 '과거와 현재의 공존'이다. 셋째는 '시간의 흐름에 따른 단계적 계획'으로 설계의 결과물보나 프로세스를 중요시 하는 전략이다. 넷째는 공간 설계를 통해 직접적으로 특정 공간 내에서 '시간의 조작을 체험하게 하는' 설계다.

과거의
재현

그룹한이 설계한 프로젝트 중에서 '단순한 과거의 재현'에 해당하는 프로젝트의 대표적 예로는 '백제문화단지'가 있다. 충남 부여군 규암면에 100만 평 규모로 들어선 백제문화단지는 국내 최초로 삼국시대 백제 왕궁을 재현한 곳이다. 왕궁과 사찰의 하앙下昻식 구조와 청아한 단청 등 백제시대의 대표적 건축 양식을 사실적으로 재현한 백제 문화 유산의 집합소다.

백제문화단지의 정문인 정양문을 지나면 시원스런 중앙 광장이 펼쳐지고, 그 뒤로 사비궁이 자리한다. 백제문화단지 내 능사에는 대웅전과 높이 38m에 이르는 백제시대 오층 목탑을 포함해 향로각, 부용각, 결업각, 자효당, 숙세각 등 부속 전각까지 고스란히 복원되었고, 그룹한은 복원된 건물 주변으로 백제시대의 조경 양식을 고찰하여 각종 전통 수목, 화계, 연못 등을 과거의 양식대로 재현했다.

백제문화단지

과거와 현재의
공존

조경 설계에서 시간을 다루는 두 번째 범주는 '과거와 현재의 공존'이다. 대표적인 사례로 과거의 산업 시설이나 용도 변경된 부지를 새로운 유형의 도시 공원이나 오픈스페이스로 개조해 도시에 활력을 불어넣고 부지의 잠재력을 극대화하는

개스 웍스 파크

재생 프로젝트들이 있다. 시애틀의 개스 웍스 파크는 열병합 발전소로 쓰이다 버려진 공장 건물들과 철골 구조물들을 예술적 오브제로 재생시켜 시민을 위한 공원으로 만든 사례다. 뒤스부르크-노르트 랜드스케이프 파크는 제철소가 이전한 후 녹슨 공장 시설들이 방치된 대규모 부지를 공원화한 사례다. 두 프로젝트의 공통적 특징은 흔히 흉물로 여겨지는 발전소 시설이나 제철소의 낡고 거대한 시설물과 구조물을 철거하는 대신 그대로 존치해 공원의 새로운 오브제와 랜드마크로 재활용함으로써 부지의 시간적 흔적과 현대 공원의 다양한 프로그램을 역동적으로 공존시켰다는 점이다.

뒤스부르크-노르트 랜드스케이프 파크

선유도공원

　이러한 범주에 속하는 국내의 대표적 사례로는 선유도공원을 들 수 있다. 조경가 성영선과 건축가 소성룡이 설계한 선유노공원은 양화대교 아래의 선유정수장 시설을 재활용한 생태공원으로 2002년 4월 개장했다. 한강역사관, 수질정화공원, 시간의 정원, 물놀이상 등의 시설이 들어서 있다. 선유노는 본래 선유봉이라는 절경의 봉우리였으나 일제강점기 때 홍수를 막는 둑을 쌓기 위해 암석을 채취하면서 깎여나갔다. 겸재 정선의 진경산수화에도 등장하는 풍경을 자랑하던 선유봉의 옛 모습은 사라지고 없지만 그 이후 선유정수장의 흔적을 간직한 채 재생되어 시민들에게 사랑받는 장소가 되었다는 점에서 그 의의가 크다.

　그룹한은 용도 폐기된 신월정수장을 공원화하는 설계공모에서 과거의 흔적을 남기고 정수장 구조물을 재활용하여 '블루박스'라는 새로운 물놀이 테마 공원을 제시했다. 이 계획안을 통해 '과거와 현재의 공존'을 설계를 통해 시도한 바 있다.

신월정수장 공원화 설계공모 제출작

남산 회현자락 한양도성 공원 조성 설계공모는 과거 역사의 흔적이 켜켜이 묻혀 있는 유적지를 복원하는 프로젝트였다. 대상지는 땅속으로 파고 들어갈수록 시간의 층위가 복잡해지는 역사 박물관과도 같은 곳인데, 그룹한은 일제강점기에 조선 신궁 건립을 위해 성토된 지형을 일부 제거하여 발굴된 성곽 본래의 지형을 회복하는 데 초점을 맞추었다. 한양을 수도로 정하고 남산에 만들어진 성곽은 일제강점기와 근대를 겪으며 새로운 역사의 켜들이 퇴적되어 점점 땅속 깊숙이 묻혀 갔다. 발굴 과정에서 확인되는 시대적 흔적들과 서로간의 영향으로 훼철

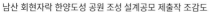

남산 회현자락 한양도성 공원 조성 설계공모 제출작 조감도

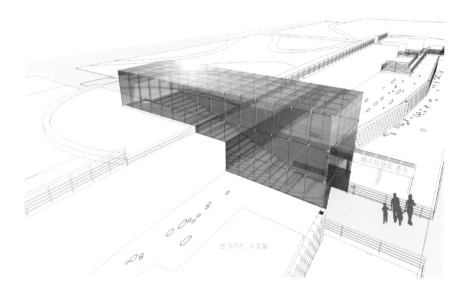

남산숲길 _근대유구의 켜

- 비술나무 쉼터 (안중근의사 비)
- 느티나무 가로수길
- 서울분수마당
- 기념수원 (와룡매)
- 소나무 숲 (N타워 가는길)
- 안중근의사 상

역사흔적길 _조선 신궁의 켜

- 콘크리트 슬라브
- 조선신궁의 터
- 일제강점기 석단흔적

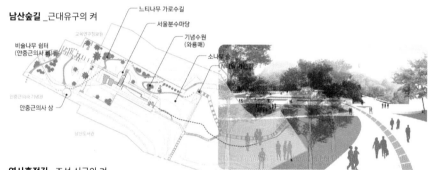

성곽순성길 _한양성곽의 켜

- 복원성곽
- 훼손지역
- 성곽추정선
- 기존성곽
- 성곽흔적복원
- 각자성석 (주민참여에 의한 복원)

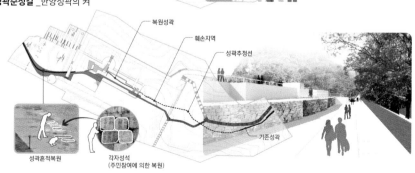

된 성곽 모습을 지형의 단면을 통해 확인할 수 있는데, 현재의 상태를 그대로 보존하여 통시적 관점에서 성곽의 역사를 전달하고자 했다. 그룹한의 계획안은 어느 한 시대로의 원형 복원이 아니라 역사적 층위를 그대로 보존하여 다양한 시대적 유산이 공존하는 문화 유산으로 복원하는 패러다임을 보여준다. 시간의 창 Time Cube은 과거부터 현재까지 회현자락에 담긴 층위를 존중하며 적층된 시간을 경험하는 역사의 장으로 조성한다. 시간의 창은 각 시대별 유구의 켜와 이들

이 성곽에 미친 영향을 단면을 통해 들여다 볼 수 있으며, 콘크리트 구조물이나 기타 유구들에 의해 성곽이 심하게 훼손된 구간에 조성하여 훼손의 진행을 막고 지형 차이에 의해 단절된 공간을 연결한다. 조선시대부터 현재까지 회현자락에 담겨있는 역사적 층위를 존중하며 중첩된 시간을 경험하는 역사의 장을 조성함으로써 성곽 아래에 묻힌 시간의 경계를 넘어 살아있는 현장 박물관으로 되살아날 것으로 기대했다.

시간의 흐름에 따른 단계적 계획

세 번째 범주는 '시간의 흐름에 따른 단계적 계획'이다. 이러한 방식은 하나의 완결된 마스터플랜을 제시하기보다는, 여러 단계의 변화 과정을 설계 전략으로 삼아 결과보다는 과정 자체에 초점을 둔다. 대형 공원이나 도시 차원의 광역 계획을 진행할 때 유용하며, 흔히 단계적 전략phasing strategy이라고도 불린다.

제임스 코너의 프레시 킬스는 뉴욕 맨해튼의 쓰레기 매립지를 장기적으로 공원화하는 프로젝트다. 그는 이 프로젝트의 설계공모 당선작 '라이프스케이프'에서 결과물의 형태 디자인에 비중을 두는 전통적 설계 방식을 지양하고, 과정과 시스템에 비중을 둔 단계적 개발 계획을 선보였다. 첫 번째는 준비seeding 단계로 인프라스트럭처를 구축한다. 두 번째는 다양한 활동 프로그램을 수용할 틀

프레시 킬스 설계공모 당선작인 JCFO의 '라이프스케이프'

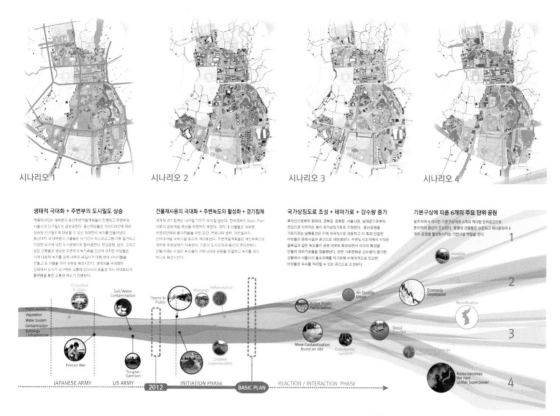

용산공원 설계 국제공모 제출작의 단계별 개발 계획

framework을 마련하는 단계다. 세 번째는 프로그래밍programming 단계이며, 마지막은 적응adaptation 단계로, 지속적으로 공원으로 수정하고 발전시키는 단계다.

캐나다 토론토의 공군 기지를 공원화하는 다운스뷰 파크 국제 설계공모의 당선작인 렘 콜하스(OMA)와 브루스 마우의 '트리 시티' 또한 단계적 진화 과정을 통해 공원을 성장시키는 전략을 잘 보여준다. 1단계에서는 부지의 토양을 개선하고, 2단계에서는 소로 네트워크를 구축하며, 3단계에서 25%의 원형 수목 군락 매트릭스와 초지, 정원, 운동장을 조성한다.

그룹한은 용산공원 설계 국제공모 제출작에서 새로운 유형의 단계별 개발 계획을 제시했다. 기존의 획일적 마스터플랜과 결정적 공간 프로그램을 피하고, 주변 도시가 변화하는 맥락과 소통하면서 유동적으로 자체 진화할 수 있는 시나리오 계획을 제안했다. 에지, 플랫폼, 마당 개념을 바탕으로 베이직 플랜을 구성하고, 이를 기반으로 미래에 다양하게 변화할 용산공원의 가상 시나리오를 작성했다. 시나리오 1은 생태성을 극대화하면서 도시 교통을 고려한 안이고, 시나리오 2는 기존 건물을 최대한 이용하면서 도시 주변과의 연결을 통해 적은 예산으로 공원을 활성화시키는 안이다. 시나리오 3은 남북으로 이어질 국가 상징 가로를 가정하여 문화 시설과 상징 공간으로 재탄생되는 모습을 보여준다. 시나리오 4는 발주처가 제시한 기본 구상안을 반영하여 여섯 개의 단위 공원을 활성화시키는 안이다.

시간을 체험하는
공간 계획

네 번째, '시간을 체험하는 공간 계획'의 대표 사례로는 뉴욕의 하이라인을 꼽을 수 있다. 하이라인은 도심지 내의 폐 철도선을 녹지 공간으로 활용한 프로젝트다. 제임스 코너 필드 오퍼레이션스JCFO와 딜러 스코피니오+렌프로Diller Scofidio+Renfro 가 공동 작업한 설계공모 당선작은 뉴욕의 특수성, 오래된 철도 부지의 재생, 도심지의 공공 공간 창출, 기존 도심 공간과의 연계 등 흥미로운 설계로 가득하다. 많은 공원들이 단순히 조경가가 디자인한 대로 머물러 있는 데 비해, 하이라인의 디자인 전략은 도시의 변화, 사람들의 움직임, 참여, 시간의 변화 등에 따라 공원의 성격을 다채롭게 변하게 한다는 점에서 특히 흥미롭다.

제임스 코너는 하이라인 곳곳에 시간을 설계 요소로 반영하고 있다. 특히 공원의 첫 관문인 갠스부르트 플라자Gansevoort Plaza 계단 디자인에서 그의 시간에 대한 디자인 철학을 명료하게 엿볼 수 있다. 그는 지상에서 하이라인 위로 진입하는 이 계단의 폭을 일반적인 길이보다 훨씬 넓게 디자인하고 계단참을 의도적으로 길게 설계하여 이용자가 일부러 하이라인으로 진입하는 시간을 느리게 조절했다. 번잡하고 바쁜 지상의 도시 공간에서 탈출해 새로운 낙원인 하이라인으로 올라가는 과정의 극적인 느낌을 연출하고자 한 의도다. 철길을 재현하고 바퀴가 달린 선베드를 쉼터로 디자인했는데, 철길을 따라 쉼터가 이동하면서 시간에 따라 변화하는 공원의 모습을 연출한 점이 색다른 감흥을 준다.

제임스 코너 필드 오퍼레이션스와 딜러 스코피디오+렌프로의 하이라인

그룹한은 경춘선 공원 설계공모에서 시간을 주제로 시시각각 변화하는 공원을 구상했다. 산업화 시대의 유물로서 더 이상 활용되지 않는 폐선 철도 구조물을 이용해 과거의 흔적을 지우지 않고 도시 인프라의 주인공 역할을 부여하고자 했다. 이를 위해 다양한 행위와 이벤트를 실은 프로그램 트레인을 구상했다. 철길을 따라 야외 극장, 이동 도서관, 운동 공원, 야시장, 공중 화장실, 분수대 등이 설치된 프로그램 트레인이 이 마을 저 마을로 이동하면서 주민들이 아침에 자고 일어나면 늘 변해 있는 새로운 공원을 만날 수 있게 디자인했다. 주요 경관의 객체이자 주체인 중랑철교는 이동하는 프로그램 트레인의 배치 유형에 따라 사계절과 하루의 일상 속에서 매 시간마다 다채로운 풍경과 에피소드를 확대 재생산하는 문화 발전소가 되도록 했다. 이렇게 함으로써 공원의 인프라인 각종 시설들을 필요에 따라 적재적소에 배치할 수 있고 다양한 경관과 프로그램 연출은 물론 고정적인 인프라 시설에 드는 비용을 획기적으로 줄일 수 있다.

경춘선 공원 설계공모 제출작의 조감도

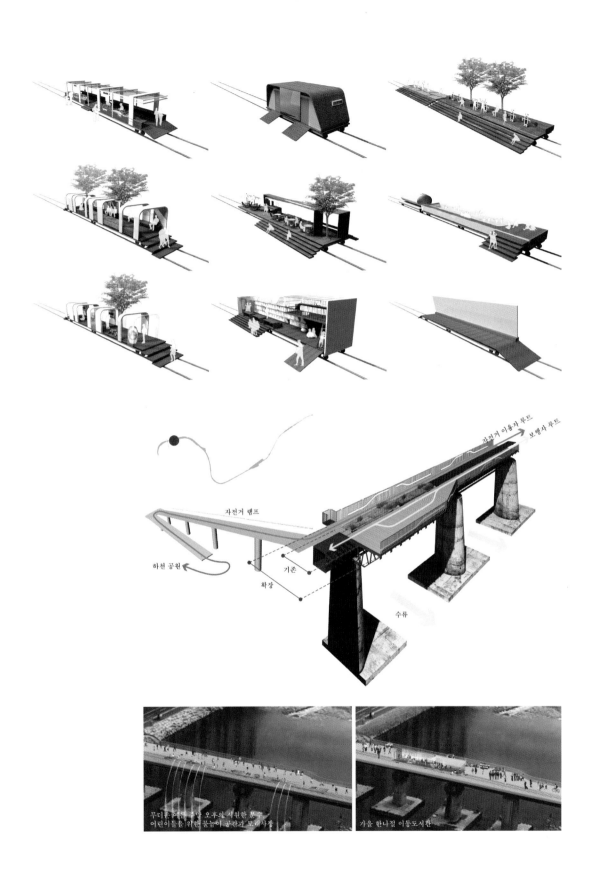

평온한 늦가을 저녁, 풍경소리를 들으며 거니는 길   불꽃 축제의 밤

작은 공간에서 시간의 변화를 체험할 수 있는 사례로는 마이클 반 발켄버그의 아이스 월Ice Wall을 참고할 만하다. 뉴욕 맨해튼의 고급 주거단지인 티어드롭 파크Teardrop Park의 인공 석벽은 계절의 변화에 따라 인위적으로 만든 조경 구조물이 시시각각 변하는 모습을 감상할 수 있는 특별한 경험을 선사한다. 아이스 월은 겨울철이 되면 서대한 암벽 사이로 쌓인 눈이 녹아 자연적으로 만들어진 고드름과 얼음으로 거대한 빙벽을 연출하며 장관을 이룬다. 그는 여러 개의 실험적 아이스 월을 선보인 바 있다. 캠브리지의 대학 캠퍼스에 설치한 래드클리프 아이스 월Radcliffe Ice Walls과 개인 주택 정원에 만든 크라코 아이스 가든Krakow Ice Garden에서는 메탈 메쉬metal mesh의 간단한 구조물에 노즐을 이용해 간헐적 관수를 하여 점차 얼음이 막을 형성해가는 과정을 보여줌으로써 계절의 변화와 시간의 흐름을 시각적으로 직접 체험하게 했다. 많은 조경가들이 형태를 디자인하는 데 중점을 두는 반면, 그는 오히려 디테일 재료에 관심을 두고 설계에 임하는 경

마이클 반 발켄버그 어소시에이츠의 티어드롭 파크 아이스 월

캠브리지의 캠퍼스에 설치된 래드클리프 아이스 월과 크라코 아이스 가든

우가 많았고 특히 수목 재료에 대한 애착이 아주 남다르다. 하버드 디자인 대학원에서 개최되었던 심포지엄 '라지 파크'에서 그는 "조경의 가장 강력한 재료는 수목이다. 수목은 시간을 초월하는 재료다"라고 역설하기도 했다.

장충동 타작마당 정원

　　필자는 상대적으로 규모가 작은 주택 정원 프로젝트에서 동선을 인위적으
로 조작하여 공간 체험 기간의 깊이를 길게 유도하는 시도를 한 적이 있다. 필자
가 설계한 '타작마당'은 서울 장충동 서울성곽의 끝자락, 단독 주택가 깊숙한 곳
에 자리한 주택을 리노베이션하여 창작 공간과 전시장으로 활용하는 곳이다. 번
잡한 서울의 도심 속에 만들어진 타작마당 정원에 필자는 자연을 동경하는 인류
의 오랜 여망을 담아 숲의 중층forest layer 개념을 도입하고 자연의 원형인 '원시의
자연'을 표현했다. 자연 요소와 인공물 사이의 경계를 흐릿하게 하기 위해 다양한
융합적 디테일을 시도했으며, 단순히 감상하고 바라보는 정원이 아니라 쓰임새가
유연하고 생산적인 외부 공간을 만들고자 했다. 바닥 동선 또한 잔디로만 단순하

게 처리하지 않고 뫼비우스의 띠처럼 길게 이어진 유선형 라인을 따라 잔디, 흙, 거친 자연석 등 물성이 서로 다른 자연 재료들을 이용하여 정원 끝까지 단번에 도달하지 않고 충분히 여유로운 시간을 소요하며 거닐 수 있도록 했다. 이 구불구불하게 연출된 정원의 소로는 창작 마당에 근무하는 인재들이 좁은 실내에서 원시성이 표현된 정원으로 나와 산책을 즐기며 여유로움 속에서 새로운 아이디어를 생산하는 데 도움을 줄 것으로 기대한다.

시흥장현지구
설계공모
느리게 걷는 길

시흥장현지구 공원 설계공모에서 그룹한은 '늠내골 시오리, 갯향기의 추억길'이라 주제를 설정하고 의도된 '느리게 걷는 길'을 통해 공원 체류 시간을 인위적으로 늘리는, 시간을 이용한 계획안을 선보였다. 굽이굽이 끝없이 펼쳐진 시흥의 넓은 갯벌은 시해 낙조의 아름다운 풍경과 함께 수많은 철새와 바다 생물에게는 소중한 생명의 땅이었으며, 예로부터 이곳을 지키며 살아온 갯마을 사람들에게는 삶의 터전이었다. 바다로 향하는 길고 굴곡진 옛길의 흔적은 장현長峴이라는 지명에서도 알 수 있듯이 삶, 풍경, 생명이 어우러져 이루어낸 색다른 매력을 선사한다. 그룹한은 이 땅이 전하는 이야기를 통해 갯골의 흔적과 갯등 위 생명의 쉼터인 숨골, 그리고 바다를 향해 굽이쳐 흐르는 긴 고갯마룻길 풍경의 기억을 되살려 대상지 고유의 잠재력을 최대한 발굴함으로써 땅의 기억, 현재의 가치, 미래의 개발 사이에서 역동인 작용을 이끌어내고자 했다.

시흥장현지구 공원 설계공모의 조감도

사이길과 마당

갯골의 흔적을 모티브로 계획된 사이길은 공원의 경계를 흐리게 하고, 공원 주변과의 연결을 원활하게 형성하는 새로운 네트워크가 된다. 수많은 작은 소로의 출입구를 따라 자연스럽게 다가가는 공원은 '닫힌 구조'가 아닌 '열린 구조'로 일상의 연속적인 생활공간이 된다. 갯등의 구릉진 둔덕에서 영감을 얻은 마당들은 크고 작은 셀 모양을 이루며 각각 다양한 프로그램을 실어 나른다. 어떤 공간은 놀이터가 되고 어떤 마당은 공연장이 되며, 또 어떤 마당은 장마당이 된다. 이 공간들은 가변적인 유연성을 가지며 때로는 비워져 있기도 하다.

숨골습지

갯등 위 바다생물들의 보금자리 입구인 숨골을 모티브로 계획된 숨골, 습지 들은 빗물을 모으는 레인가든(Rain Garden)이자 수생식물과 동물들의 서식처(Biotop)가 된다. 구릉을 따라 자연스럽게 물길을 연결하여 LID개념의 식생수로와 분산형 저류공간을 만들고 새로운 수순환 체계를(Blue Network)를 형성한다.

늠내새재길

바다로 끝없이 굽이쳐 흘렀던 긴 고갯길을 되살려낸 늠내 시오리길은 옛 길의 향수와 추억을 되살린 시흥시의 새로운 걷고 싶은 길이다. 너른 들판과 낮은 구릉을 따라 바다로 이어지는 대략 십오리(6 km)의 이 길은 시간에 따라 시시각각 변해가는 시흥의 충만한 자연 풍광을 감상하고 경험하게 한다.

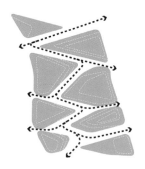

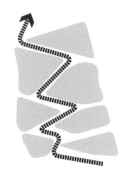

사이길과 마당
필요에 따라 다양한 프로그램을 담는
유연한 마당

숨골습지
물을 순환시키고
공원의 생태적 기반이 되는 습지

늠내새재길
내만습지 고유의 자연을 즐기고
지역과 연계되는 늠내길

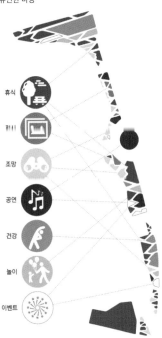
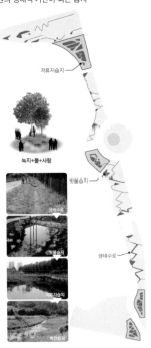
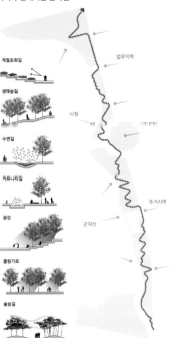

갯골의 흔적을 모티브로 계획한 사이길은 공원의 경계를 흐리게 하고 공원 주변과의 연결을 원활하게 형성하는 새로운 네트워크가 된다. 수많은 작은 소로의 출입구를 따라 자연스럽게 다가가는 공원은 '닫힌 구조'가 아닌 '열린 구조'로, 일상의 연속적 생활 공간이 된다. 갯등의 구릉진 둔덕에서 영감을 얻은 마당들은 크고 작은 셀 모양을 이루며 각각 다양한 프로그램을 실어 나른다. 어떤 공간은 놀이터가 되고, 어떤 마당은 공연장이 되며, 또 어떤 마당은 장마당이 된다. 이 공간들은 가변적인 유연성을 가지며 때로는 비워져 있기도 하다.

갯등 위 바다 생물들의 보금자리 입구인 숨골을 모티브로 계획한 숨골습지는 빗물을 모으는 레인가든이자 수생식물과 동물의 서식처biotop가 된다. 구릉을 따라 자연스럽게 물길을 연결하여 저영향개발LID 개념의 식생 수로와 분산형 저류 공간을 만들고 새로운 수 순환 체계blue network를 형성한다. 바다로 끝없이 굽이쳐 흐르던 긴 고갯길을 되살려낸 늠내 시오리길은 옛길의 향수와 추억을 되살린 시흥시의 새로운 걷고 싶은 길이다. 너른 들판과 낮은 구릉을 따라 바다로 이어지는 대략 십오리(6km)의 이 길은 시간에 따라 시시각각 변해가는 시흥의 충만한 자연 풍광을 감상하고 경험하게 한다.

VI

채움과 비움

채움의 디자인을
할 것인가
비움의 디자인을
할 것인가

많은 조경가는 주어진 공간을 무언가로 가득 채워야
직성이 풀리고 뭔가 했구나 하는 만족감을 느끼곤 한다.
하지만 실제로 만들어진 공간에 가보면 이렇게 가득 채워진 공간들이
디자인 의도를 제대로 수용하지 못할 뿐만 아니라 오히려
이용자들을 불편하게 하거나 예산만 낭비한 결과도 어렵지 않게 볼 수 있다.
어느 유명 디자이너는 "좋은 디자인이란 뭔가를 채우려고 그리는 것이 아니라
불필요한 요소를 과감히 지워나가는 과정"이라고 했다.
우리나라의 대표적 건축가 중 한 명인 승효상은
그의 건축 철학을 전개한 『빈자의 미학』에서
"가짐보다 쓰임이 더 중요하고, 더함보다는 나눔이 더 중요하며,
채움보다는 비움이 더욱 중요하다"고 말했다.
또 한국의 전통 공간 중에서 서울 한복판에 비워진
침묵의 공간인 종묘의 공간 미학에 대해 극찬하기도 했다.
무언가로 가득찬 그릇은 더 이상 담을 공간이 부족해 매력이 없다.
오히려 비워져 있는 그릇이 훨씬 쓰임새가 좋은 법이다.

비움의 미학

우리 선조들의 전통 한옥 마당에서 이 '비움의 미학'을 배울 수 있다. 한옥 마당
은 서구의 정원과 달리 대부분 단순한 형태로 텅 비어있을 뿐만 아니라 이렇다
할 장식 요소도 거의 없는 것이 보통이다. 하지만 평소에는 비워져 있다가도 각
종 집안 행사나 농번기에는 그 쓰임새가 아주 다양하게 변한다. 혼례를 치르는 예
식장도 되었다가 회갑 잔치를 벌이는 잔치 마당이 되기도 한다. 고추나 콩을 말
리는 곳이기도 하고 늦가을 벼를 타작하는 장소이기도 하다. 마당은 보통 흙이나

종묘

한옥의 마당과 대청마루

마사토로 포장되어 있는데, 한여름 마당을 데운 공기가 상승하면 뒤뜰의 그늘진 숲이나 뒷산의 시원한 바람이 대청마루로 자연스럽게 유입되어 더위를 피할 수 있게 해 준다. 최근에 지은 한옥들은 마당을 잔디나 수목으로 채우곤 하는데, 선조들의 이런 지혜를 알지 못하고 단순히 보기에만 좋게 꾸며 놓은 어리석은 디자인이다. 한옥 마당만큼 그 쓰임새가 다양하고 정감 있는 곳도 드물 것이다. 일본이나 서양 정원처럼 장식 요소로 가득 채우지 않고 비움을 통해 실용의 미를 찾은 지혜다. 한옥의 우수성은 이뿐만이 아니다. 구들과 온돌은 열효율과 공기 순환을 극대화한, 전 세계적으로 찾아보기 힘든 우수한 과학적 난방 시스템이다. 남부는 길게, 북부는 짧게 한 처마의 길이는 남부에서는 한여름 햇살을 가리고 겨울철 북부에서는 햇살이 대청 안쪽까지 깊숙이 들어오게 한다. 창호로 쓰인 한지는 인공 조명이 없는 실내의 밝기를 조절하며 방습과 방열 효과도 높다.

WEST 8이 설계한 쇼우부르흐 광장

네덜란드를 대표하는 세계적 조경가 아드리안 회저Adriaan Geuze가 설계한 쇼우부르흐 광장 Schouwburgplein은 비우는 디자인의 모범 사례다. 쇼우부르흐 광장은 로테르담 중앙역에서 남동쪽으로 약 500m 정도의 거리에 위치하고 있는데, 광장 주변을 극장과 콘서트홀을 비롯해 다양한 레스토랑이 둘러싸고 있다. 이 광장은 50×140m 의 직사각형 형태의 빈 공간으로 조성되었으며, 바

아드리안 회저

닥 포장재로는 목재 데크, 철재 타공판, 고무, 에폭시 등 인공 재료가 사용되었다. 잔디나 녹지 등 흔히 생각하는 조경적 처리와는 사뭇 다른 모습이며, 길 건너편에 있는 가로수를 제외하면 풀 한 포기도 볼 수 없는 매우 건조한 모습이다. 회저는 공간에 대한 다양한 스케일 실험을 통해 새로운 규격을 만들어냈다. 또 공간에 대한 비전은 시간을 통한 아름다움이 축적되어 다져지는 과정이라는 점을 이 프로젝트를 통해 보여주었다. 쇼우부르흐 광장에서는 채우지 않고 비우는 전략을 통해 보다 광장다운, 광장 본연의 모습을 제시했다.

대형 공원 설계에서 '비움'을 아이디어로 제안한 실천 사례로는 오렌지 카운티 그레이트 파크 설계공모 참가작 중 로리 올린Laurie Olin의 안을 들 수 있다. 로스앤젤레스 외곽에 위치한 오렌지 카운티는 2차 세계대전 이후 군사 시설로 이

로리 올린의 오렌지 카운티 그레이트 파크 설계공모 참가작 마스터플랜과 개념 스케치

오렌지 카운티 그레이트 파크 설계공모
당선작의 마스터플랜

오렌지 카운티 그레이트 파크 설계공모
당선작의 조감도

용되던 곳이며, 주변은 광대한 오렌지 농장에서 빠르게 저밀도 주거지로 변해 갔다. 부동산 개발 업체가 이 부지를 매입해 주택지로 개발할 계획에 착수했고, 개발권을 갖는 대신 전체 면적의 1/4에 해당하는 1,347에이커를 공원으로 내놓게 되었다. 설계공모를 통해 하그리브스 어소시에이츠, 켄 스미스, 올린 파트너십Olin Partnership, 리차드 하그, 로이스턴 하나모토 엘리 앤드 에비Royston Hanamoto Alley & Abbey, 아발로스 앤드 헤레로스Abalos & Herreros, 그리고 EMBT 등 모두 일곱 개의 사무소가 최종 경쟁작으로 뽑혔고, 켄 스미스의 안이 당선되었다.

공원을 가로지르는 거대한 계곡을 도입해 공원의 자연성을 강조한 켄 스미스의 당선안과는 달리 로리 올린의 안은 파격적인 설계 접근 방식을 보여 주었다. 로리 올린은 거대한 원을 경계로 내부와 외부를 분리하고, 원의 중심으로 갈수록 원시성을 상하게 구현하는 방식으로 거대한 대자연의 습지를 설계했고, 외부로 멀어질수록 도시 공원, 문화 시설, 주거 단지로 발전하며 점점 인공성이 강해지는 배치 전략을 제안했다. 거대한 원시의 자연인 중앙의 초지와 습지는 언제나 도시의 경계이거나 멀리 떨어져 동경의 대상이었던 자연을 도시 한가운데 가져다 놓음으로써 도시의 새로운 주인공으로 초대되는 반전의 아이디어였다. 거대한 원시 자연으로 채워진 도시는 인간과 도시의 입장에서 보면 거대한 비움의 공간일 수 있다. 하지만 올린은 이 '비움'으로서 도시가 신비로운 매력이 넘치고 공원의 중심으로 사람들을 유인하는 새로운 '채움'을 창조하고자 했다.

비움으로
채우는 공간

그룹한이 2016년에 설계한 동천 자이 2블록 주거단지 설계 개념에서도 단지 중심에 '비움'을 상징하는 '원시의 숲'을 도입한 예를 볼 수 있다. 대상지는 주변부가 상업 시설로 활성화되어 있어서 숲을 외곽에 배치하는 일반적 방식에서 벗어나, 단지 외곽으로 갈수록 어린이 놀이터나 운동 시설 등 활동성 높은 시설을 배치하고 중심으로 갈수록 점점 원시의 자연에 가까워지도록 숲을 도입하는 설계 전략을 취했다.

부산 중앙광장 설계공모에서 그룹한은 도심 오픈스페이스에 대한 치밀한 공간 전략과 비움으로 채워지는 광장 프로그램을 제시했다. 해안 도시 부산은

부산 중앙광장 설계공모 제출작 조감도

306.2km에 달하는 해안선을 따라 다양한 문화 인프라와 이벤트가 집중되어 있어 상대적으로 해안에서 떨어진 도심은 문화 인프라와 오픈스페이스가 매우 부족하다. 산지가 많은 지형 특성상 평지형 도심 오픈스페이스는 전체 면적의 10%에 불과하다. 그러나 도시가 발전함에 따라 대규모 시민 교류 공간에 대한 수요가 늘어나고 있다. 그룹한은 다양한 가능성을 담은 무대와 갤러리 등 일상의 접근이 가능한 문화 생활 공간을 제공함으로써 부산 시민들의 참여를 통해 문화 공간의 허브로 작동하고 중앙로가 부산의 도심 문화 발전축이 될 가능성을 열고자 했다. 역동적 문화 관광 도시를 꿈꾸는 '다이내믹 부산Dynamic Busan'의 특성을 토대로 새로운 문화와 풍경을 펼쳐내고 소통의 장을 이루는 문화 생성 공간, 즉 이 설계의 핵심 개념인 창조적 판creative screen을 제안했다. 부산 시민공원과 양정

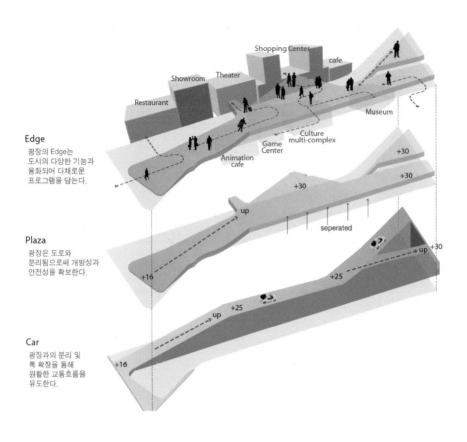

Edge

광장의 Edge는
도시의 다양한 기능과
융화되어 다채로운
프로그램을 담는다.

Plaza

광장은 도로와
분리됨으로써 개방성과
안전성을 확보한다.

Car

광장과의 분리 및
폭 확장을 통해
원활한 교통흐름을
유도한다.

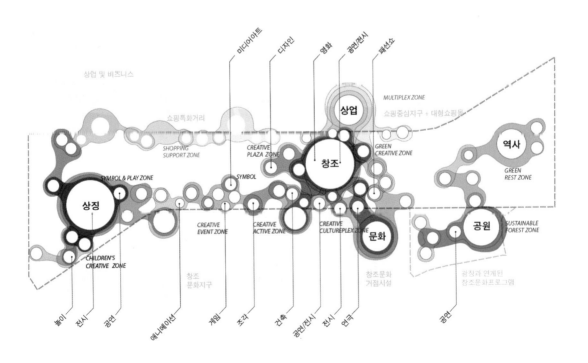

공원은 물론, 서면의 상권과 대학가의 문화, 우암선을 따라 연결되는 부두의 기억까지 담아내는 포용의 공간이 되도록 했다. 비어있는 공간을 통해 그 무엇도 표현할 수 있으며, 변화하는 도시 환경에도 유연하게 대응하는 유기체적 공간이 되도록 했다.

부산의 주 교통축인 중앙로는 부산 발전의 상징축이기도 하지만 동시에 이 지역을 양분함으로써 소통 부재의 빌미를 제공하기도 했다. 그룹한은 부산 중앙 광장이 새로운 미래 비전을 담는 상징 광장이면서도 창의적 문화 생산 활동을 통해 부산 전체로 파급되는 문화 연쇄 효과의 중심이 되기를 원했다. 이를 위해 레벨 조건을 이용해 중앙로의 교통 흐름을 개선하면서도 도로와 경계에 의해 단절되지 않는 물리적으로 자유로운 공간을 만들었다. 그리고 그 안에서 다양한 계층과 문화가 소통하여 새로운 부산 문화를 생산하는 창의적 공간이 되도록 프로그램을 구상했다.

부산의 중앙광장은 부산을 대표하는 내륙형 도시 광장으로서 바다 중심의 부산 이미지에 더해 풍부한 상징성을 부여한다. 보도와 차선을 분리하여 광장의 이미지를 강화하고 광장 주변의 환경을 적극적으로 받아들여 광장 내부로 흡수

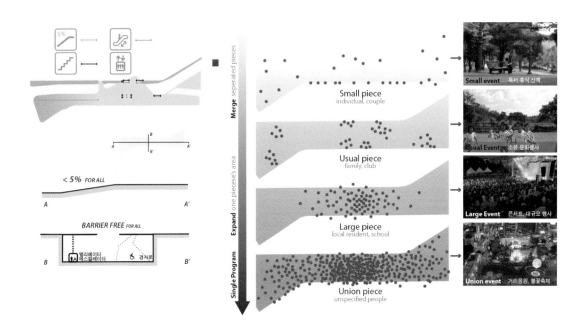

한다. 또한 다양한 부산의 환경을 상징하는 조형물들을 적극 활용하여 광장 곳
곳에 아이덴티티를 부여하고 여러 가지 기능을 통해 이용자들의 행위를 지원하
게 된다. 또한 중앙광장은 열린 공간으로서 다양한 문화의 장이며 창조적 행위를
지향한다. 특히 창조 구역을 광장의 남동쪽에 배치하여 창조적 문화 행위를 촉진
하고 지원한다. 건축, 미술, 영상, 디자인, 게임, 애니메이션 등의 창조 행위가 계속
일어나며 문화 연쇄 현상이 일어나게 된다. 이러한 창조 행위와 광장의 프로그램
이 연계되어 결국엔 광장 전반의 이용이 활성화되고, 광장 이용자는 창조적 문화
를 경험할 수 있게 된다.

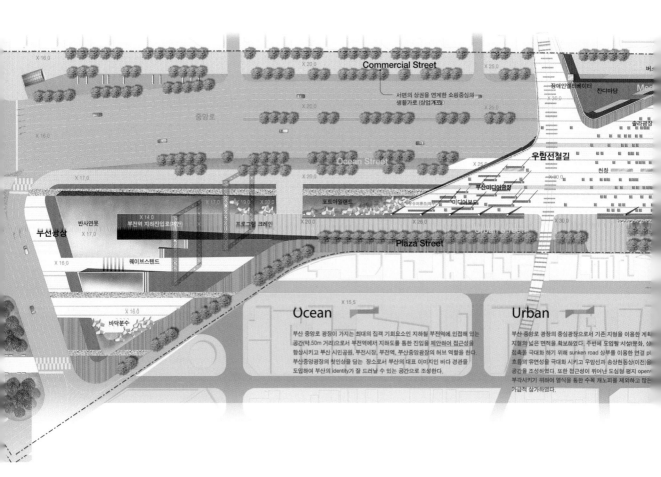

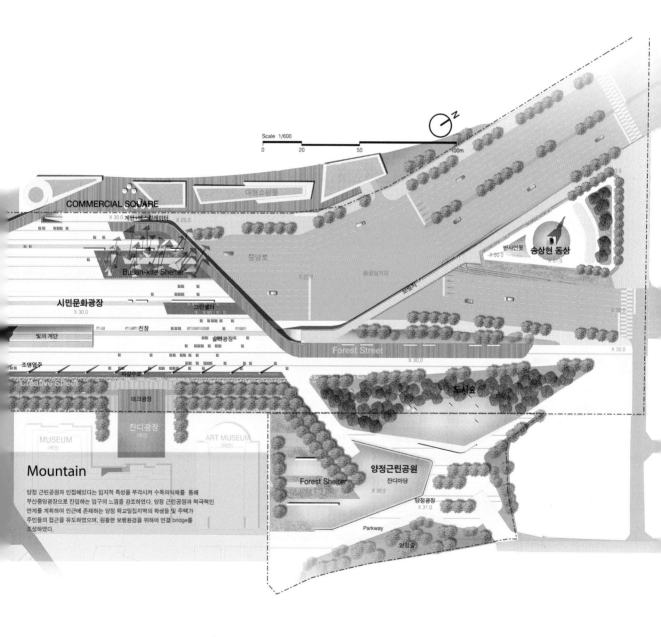

Scale 1/600

0   20   50   100m

COMMERCIAL SQUARE

대형쇼핑몰

X 30.0 계단/에스컬레이터   X 25.0

Busan-kite Shelter

중앙로

반사연못   송상현 동상

X 30.0

시민문화광장
X 30.0

그란셸터

빛의 계단

천창

솔라광장

Forest Street

X 30.0

조명열주

Creative Street

자강수로

데크광장

도시숲

잔디광장
(해인)

MUSEUM
(세안)

ART MUSEUM
(해인)

Mountain

양정 근린공원과 인접해있다는 입지적 특성을 부각시켜 수목의식재를 통해
부산중앙광장으로 진입하는 입구의 느낌을 강조하였다. 양정 근린공원과 적극적인
연계를 계획하여 인근에 존재하는 양정 학교밀집지역의 학생들 및 주택가
주민들의 접근을 유도하였으며, 원활한 보행환경을 위하여 연결 bridge를
조성하였다.

Forest Shelter

양정근린공원
잔디마당
X 30.5

양정광장
X 31.0

Parkway

양정숲

비움으로
만드는 도시

2005년에 발표된 행정중심복합도시 도시 개념 국제공모 당선작에서 우리는 거대한 '비움'으로 신도시를 만드는 새로운 아이디어를 만난 바 있다. 다섯 개의 당선작 중 장 피에르 뒤리그Jean Pierre Durig의 작품 '외곽 도로The Orbital Road'는 장남평야와 대평뜰을 그대로 존치한 독창적인 반지 모양의 도시 구조를 취한다. 대중교통 지향적이고 도시 기능의 효율성 면에서도 파격적인 안이었다. 또 안드레스 페레아 오르테가Andres Perea Ortega의 작품 '천 개의 도시들의 도시The City of the

안드레스 페레아 오르테가의
행정중심복합도시 도시 개념 국제공모 당선작

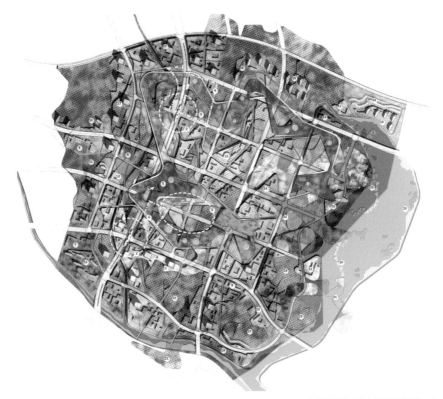

다이아나 발모리의 행정중심복합도시
중심행정타운 마스터플랜 국제 설계공모 당선작

Thousand Cities'는 '외곽 도로'와 유사하게 반지 모양의 도시 구조를 제안하고 있으나, 다각적 기술 검토에 기반하여 개발과 보존이라는 명제를 명쾌하게 해석한 수작이다. 결론적으로 이 두 개의 당선안이 이제는 세종시라 명명된 행정중심복합도시의 도시 구조를 결정하는 열개가 된 셈이다.

2006년 개최된 행정중심복합도시 중심행정타운 마스터플랜 국제 설계공모 당선작에서 우리는 비우는 디자인의 매력을 다시 확인할 수 있다. 해안건축과 다이아나 발모리Diana Balmori의 당선작은 21세기를 맞이하는 대한민국의 새로운 시대상을 반영하고 가장 민주적이며 가장 효율적인 도시를 지향한다. 행정부가 국민위에 군림하지 않고 반대로 시민들이 정부를 아래로 내려다보며 감시하는 듯한 모습의 건축 구조는 권위적이고 수직적인 모습의 예전 관공서 건물에 익숙한 시민들에게 신선한 충격이었다. 이 계획안은 '평면 도시Flat City', '연결 도시Link City', '제로 도시Zero City'라는 세 가지 개념을 기초로 한다.

평등을 의미하는 '평면 도시'는 20세기식 고밀도 수직 도시를 지양하고 평평한 도시를 강조한다. 평평하게 정렬된 건물 지붕들은 그 안에서 일하는 공무원과 거주자들의 민주주의와 화합에 대한 자연스러운 발상을 상징화한 것이다. '연결 도시'는 중심행정타운을 연계하는 조직을 보여주는데, 가운데를 비우고 거대한 원처럼 이어진 건물군을 통해 도시 기반 시설간의 상호 연결을 강화하고 시민들의 편리성을 극대화 하는 전략을 보여준다. '제로 도시'는 버리는 것이 없음을 의미한다. 자원 재활용을 통해 자원의 효율성을 높이고 자정 시스템을 갖춘 환경친화 도시를 구현하는 전략이다. 당선작은 링처럼 원형으로 둘러싸인 건축물과 그 한가운데를 비우는 독특한 공간 구조를 형성한다. 건축과 도시와 조경이 역사적 경험을 공유하며 융합적이고 총체적으로 결합된 걸작이다.

행정중심복합도시 중앙녹지공간 국제 설계공모 당선작

2007년에 진행된 행정중심복합도시 중앙녹지공간 국제 설계공모의 당선작 또한 대상지 가운데의 농경지 원형을 보존하는 방법으로 '비움'을 실천한 작품이다. 노선주의 당선작 '오래된 미래Ancient Futures'는 행정중심복합도시 한가운데의 광활한 땅이 인간과 자연이 공생하는 지혜로운 공원으로, 미래를 위한 생태적 인프라스트럭처로 거듭날 수 있도록 한다. 휴식이나 여가 기능을 제공하는 기존 공원의 기능을 넘어 생산의 기능까지 수용하는 새로운 공원 패러다임을 제시하고 있다. 중앙부에는 농지를 보전하고 농로를 공원의 기능에 맞게 산책로로 변환한다. 논두렁에는 전통 수목을 식재하여 하이테크 이미지의 도시 경관과 대조를 이루는 다채로운 전원 경관을 창출한다. 먼저 선정된 행정중심복합도시 도시 개념 국제공모 당선작이 선보인 개념의 연장선상에서 도시의 상징성을 부각시키는 설계이기도 하다.

행정중심복합도시 도시상징광장 설계공모 당선작

2015년에 진행된 행정복합도시 도시상징광장 설계공모 당선작에서 우리는 또한 번 '비움'의 디자인을 만난다. 김영민이 주도하여 제출한 당선작은 '국민이 주인'이라는 대한민국의 국가 이념을 반영해 '국민이 스스로를 담을 수 있는 그릇'이라는 개념을 바탕으로 삼았다. 여러 가지 용도로 활용할 수 있도록 광장의 중앙을 비우고 주변부에 프로그램을 다양하게 담을 수 있는 설계안을 제시했다. 비워진 광장 중심부를 낮추어 물을 채우고 물놀이 공간이나 빙상 경기장, 주변을 비추는 거울 같은 풍경을 제공하도록 하는 등 가변형 프로그램의 운영을 통해 다양한 형태로 활용될 수 있도록 했다. 김영민은 당선 후기에서 "우리는 디자인이란 본질적으로 무엇인가를 채우는 행위라고 교육받고 그러한 실천을 해왔다. 공간을 채우는 일을 업으로 삼아온 사람에게 채우지 않아야 하는 공간을 만든다는 것은 일종의 자기모순이다. 나는 광장의 본질은 비움이며, 채움의 논리가 비움을 압도하는 순간 더 이상 광장은 광장이 아니라고 생각했다"고 말하며, '비우는 공간' 디자인의 어려움에 대해 털어놓기도 했다.

조성 후에 거대한 '중앙분리대'라는 오명을 쓰기도 했던 서울 광화문광장은 정치적 이유로 오랜 시간 동안 진정한 의미의 광장이 되지 못했다. 예쁜 꽃으로 장식되거나 전경 버스로 막혀 시민들의 접근이 허용되지 않았다. 시청 앞의 서울광장 또한 온전히 시민의 것이 아니었다. 2016년과 2017년에 걸친 겨울, 박근혜 대통령 퇴진을 위한 시민들의 촛불시위를 통해 비로소 대한민국의 상징적인 광장이 시민의 진정한 광장으로 귀환했다. 광장을 설계하는 조경가의 입장에서 어떠한 디자인이 시민이 주인 되는 공간을 가능하게 하는지 진지한 자세로 되돌아보며, 다시 한 번 '비움'의 의미를 생각해 본다.

VII

전통과
한국성

전통 조경과
동시대 한국적 조경

한국적 조경은 무엇이며 동시대 조경에서 그 위치는 어디인가?

많은 조경가가 늘 멍에처럼 무겁게 느끼고 있으면서도 그 해답을 찾기가 쉽지 않은 질문이다.

하지만 분명한 것은 세계 무대에서 경쟁하려면 우리의 정체성을 알아야 하고

그것을 바탕으로 독창적 디자인 능력을 갖추어야 한다는 점이다.

외국의 근사한 작품을 모양만 흉내 내거나 우리 정서와는 다른 그들의 설계 개념을

별다른 비평 없이 도입한다면 결코 경쟁력 있는 디자이너가 될 수 없을 것이다.

하지만 우리만의 한국적 조경이라는 것, 참 어렵다.

자칫 어수룩하게 흉내 냈다가는 수많은 비판에 직면하거나 조롱거리가 되기 십상이다.

그러나 이런 두려움 때문에 우리 것 찾는 노력을 게을리 하거나 포기한다면

한국 조경은 오히려 우물 안 개구리 신세가 될 것이다.

한국적 조경의
딜레마

한국적 조경의 근원을 찾기 위해서는 전통 정원 조성 방식을 살펴볼 필요가 있다. 우리의 전통 정원은 비슷한 문화와 역사를 지닌 이웃 나라 중국이나 일본과 판이하게 다른 모습으로 발전해 왔다. 중국의 정원은 연못과 괴석, 온갖 기화요초를 이용해 자연을 과장하거나 왜곡하면서 대자연의 장대함을 재현한다. 보는 이로 하여금 시각적 포만감을 느끼게 조성되는데, 기교와 치장이 지나치게 과한 면이 있다. 축경식 정원으로 대표되는 일본의 정원은 과도하게 감상적이거나 지나치게 인공적이다. 추상적 표현 방식으로 인해 오히려 반자연적으로 느껴지기도 한다. 반면 한국의 전통 정원에서는 있는 그대로의 자연이 곧 정원이다. 삶의 공간 그 자체로서 자연의 인위적 모방이나 인공을 배제한다. 한국의 정원은 인간과 자연의 합일을 추구하면서도 실용적이었다. 또한 단순히 눈에 보이는 대상물로서의 자연보다는 내면에 있는 자연의 이치를 더 중시하여 자연 경물 자체의 아름다움보다는 그것의 속성에서 은유되는 의미를 더 존중하고 추구한다. 한국의 전통 조경은 이상적이고 비가시적이어서 현대 조경에서 구현해내기가 쉽지 않다.

중국 사자림

일본 용안사

창덕궁 부용정

창덕궁 옥류천 소요정

2008년, 광교신도시 개발 사업의 일환으로 개최된 '광교 호수공원 국제 설계 공모'에서 그룹한은 제임스 코너 필드 오퍼레이션스James Corner Field Operations(JCFO)와 함께 "8경Landscapes"을 주제로 한 작품을 제출했다. 아쉽게 2등상을 수상했는데, 당시 JCFO와 공동 작업을 하면서 우리는 작품 제목 '8경'에서도 알 수 있듯이 한국적 개념을 바탕으로 숲을 복원하고 계단식 다랭이 논을 활용해 새로운 캐스케이드 수경 시설을 도입하는 등 한국적 정서와 문화적 맥락을 담았다. 그러나 심사평에는 우리 작품에 한국성이 결여되었다는 의외의 평이 들어 있었다. 심

지어 조감도나 도면 표현 방식이 서구적 스타일이라 마치 한국이 아닌 해외의 대상지에 설계한 것 같다는 평도 후일담으로 들었다. 당시 당선작에 대해 심사위원회는 "두 개의 호수가 가진 땅에 대한 기억과 산수를 가까이 했던 우리의 전통적 삶의 방식을 이어받고 있다는 점에서 대상지의 자연적·문화적 과정을 존중한 이 작품이 새로운 한국적 도시 공원의 새 패러다임을 제시할 것"이라는 평을 했다. 이 공모전을 계기로 필자는 "과연 한국적 조경 설계란 어떤 것인가"라는 문제에 대해 많은 고민과 탐구를 하게 되었다.

광교 호수공원 국제 설계공모 제출작

콩지안 유의
사례

최근 세계적으로 활발히 활동하고 있는 중국 투렌스케이프Turenscape의 콩지안 유Kongjian Yu는 서구적 스타일이 아닌 중국의 고유한 전통과 문화를 살린 독창적 조경 작품을 많이 선보이고 있다. 2004년에 완성된 센양건축대학교 캠퍼스 조경에서는 농업 경관을 대학 캠퍼스에 도입해 학생과 교직원이 농작물을 직접 기르고 수확하며 공동체 문화를 경험하게 했다. 또 벼가 익어가는 들판 한가운데가 야외 도서관이 되기도 하고, 가을이 되면 실제 수확한 벼를 포장하여 판매하거나 선물용으로 사용한다. 추수가 끝난 겨울에는 벼이삭을 들판에 흩어놓고 철새들에게 먹이를 제공하는 등 이전까지의 풍경 중심적 조경에서는 볼 수 없던 생산적이며 생태적이기도 한 새로운 조경 스타일을 보여준다.

콩지안 유가 2008년 완성한 탕허 강 공원Tanghe River Park은 주변 영향을 최소화하면서 지역 주민에게 다양한 레크리에이션을 제공하고 개발로 오염된 강을 건강한 생태 하천으로 복원하는 프로젝트였다. 만리장성과 붉은색으로 대표되는 중국성性을 레드 리본red ribbon이라는 통일성 있고 다양한 기능을 수용하는 독특한 조경 시설물을 통해 구현했다. 중국의 전통적 디자인을 현대적으로 훌륭히 재현해냈다는 평가를 받고 있다.

센양건축대학교 캠퍼스 조경

탕허 강 공원

전통의
현대적 구현

그룹한은 그동안 크게 세 가지 설계 방법을 통해 전통 조경을 계승하기 위한 시도를 해 오고 있다. 첫째는 전통 구조물의 외양을 단순히 시가적으로 모방한 '형태적 모방'이다. 경복궁 후원의 꽃담이나 안압지 연못의 모양 등을 그대로 현대의 조경 공간에 재현하는 방식이다. 수지 엘지 빌리지의 십장생 벽천은 꽃담의 아름다움을 현대적 수경 시설인 벽천에 도입한 사례다. 중앙 연못의 형태는 경주 안압지의 9산 12곡에서 따온 것이다. 수원 정자지구 근린공원에 도입한 성곽 모양의 벽천은 수원 화성의 성곽과 화홍문의 수문 모양을 응용해 설계한 것이다.

두 번째 방법은 '전통적 자연관에 의한 구현'이다. 담양 소쇄원, 보길도 부용동 원림, 창덕궁 후원 등과 같은 전통 정원에 담긴 자연관을 설계 기법으로 도입하는 방법이다. 그룹한은 신도림 아파트 조경 설계에서 소쇄원 오곡문의 조영 기법에서 착안해 계류형 문주를 디자인했다. 오곡문은 부지 외부에서 흘러 들어오

전통 시설물의 형태적 모방, 수지 엘시 밀리시의 벽천

전통 시설물의 형태적 모방,
수원 화성과 수원 정자지구 근린공원 벽천

는 계류의 물길을 담장으로 막지 않고 담장 아래를 뚫어 내부로 자연스럽게 흐르게 한 장치다. 담장을 단순히 물리적 경계가 아니라 심리적, 미학적 영역 구분의 장치로 승화시킨 걸작이다. 신도림 아파트의 문주는 계류 상류부로의 통경축을 확보하면서 내부와 외부의 경계를 단절시키지 않고 단지 내부의 물길을 외부의 공공 영역으로 끌어내 영역과 이용 측면에서 열린 구도를 형성한다. 또 단지 중앙의 선큰 광장은 음양오행 사상의 우주관에 의해 조성된 창덕궁 후원 부용지芙蓉池의 공간 조영 기법을 차용한 디자인이다. 땅을 의미하는 사각형 연못은 부용지의 방지方池를, 연못에 걸쳐 있는 사각 데크는 방지 곁의 정자인 부용정芙蓉亭을, 하늘로 솟아있는 벽천은 주합루宙合樓의 화계를 모티브로 삼아 디자인했다.

그룹한이 설계한 방배동 아파트는 고산 윤선도가 조성한 부용동 원림의 조영 원리를 차용한 사례다. 고산 원림은 정원의 주요 경물이 계속 하나씩 나타나는 구도를 취한다. 시점 이동에 따라 공간의 깊이를 나타내는 역동적이고 다면적 체험을 가능하게 한다. 순차적 경로에 의한 동적 체험(일보 일경)의 원리를 단지 내의 주요 동선과 공간 구성에 도입했다. 반복적 체험을 통해 찾아낸 주요 지점에 정자나 거처를 마련한 고산 원림의 원리를 따라, 주요 경관 조망점에 장식 꽃담과 필로티 공간을 활용한 누마루를 설계했다.

고산 윤선도가 조성한 부용동 원림의 조영 원리를 차용하여 설계한 방배 현대 홈타운

전통 자연관에 의한 구현,
소쇄원 오곡문과 신도림 e-편한세상의 문주

전통 자연관에 의한 구현,
부용지와 신도림 e-편한세상 선큰 가든

　　세 번째 방법은 '전통 공간의 재해석에 의한 구현'이다. 전통 마을의 공간 조
성 원리인 풍수 사상 등을 재해석하여 실개천과 비보숲 등을 현대적 공간 조성
기법으로 응용하는 방식이다. 한자 마을 동洞자가 물을 함께 쓰는 공동체 공간을
뜻하는 데에서 단적으로 알 수 있듯, 실개천과 우물은 과거에 마을을 이루는 중

심 공간이었다. 그룹한은 이처럼 물과 관련되는 요소를 커뮤니티의 중심 요소로 삼아 현대적 디자인에 적용했다. 그룹한이 설계한 양주 자이 아파트 단지의 실개천eco-stream은 풍수 사상을 접목해 실개천을 단지 내로 끌어들여 친환경 주거 전략인 그린 네트워크를 구현한 사례다. 예로부터 대한민국의 산줄기는 1대간 1정간 13정맥으로 분류되었다. 양주 대상지를 관통하는 야촌천은 한북정맥의 소지맥인 천보산맥에서 흘러나오는 지류로, 천보산의 녹지와 수계를 이어받고 있다. '대지가 숨 쉬고 생명을 유지하기 위해서는 산천의 흐름이 자연스러워야 하며 맥이 단절되어서는 안 된다'는 전통적 관점에서 아파트 단지를 계획할 때 녹지와 그 수계를 유지하도록 고려했다.

이러한 관점에서 기존의 소하천을 생태적 방법으로 복원했으며, "소생(자연에 손 내밀다), 체험(자연을 만지다), 동화(자연 속으로 들어가다)"를 설계 개념으로 삼아 자연 속의 주민 커뮤니티 친수 공간을 만들었다. 물길은 천보산맥으로부터 이어지며 단지를

양주 자이

통과해 외부로 흘러가는 기존의 맥을 유지하고 있다. 이렇게 새로이 복원된 생태
하천은 지역 주민에게 좋은 휴식 공간을 제공하며 다양한 생물에게는 그들만의
삶의 공간이 되고 있다. 자연에 가까운 생태 하천의 조성과 함께 외면당하는 공
간이 되지 않도록 주민의 이용성을 높이기 위해 여울을 활용한 도섭지를 조성했
다. 유지 유량을 위한 수순환 시스템도 도입했다. 또 유수에 의한 세굴, 홍수에 의
한 침수 등에 대비해 나무방틀을 도입하여 안정성까지 고려했다. 생태 하천은 시
간이 지날수록 안정되고 생활권 속에서 나름대로의 생태적 기반을 만들게 될 것
이다.

전통 마을이라면 어느 곳에나 있는 실개천을 인위적으로 도입해 현대적 주거
단지에 적용한 사례로 반포 자이 아파트가 있다. 3천 세대가 넘는 이 대규모 주거
단지는 예전처럼 동과 동 사이에 클러스터가 자연스럽게 형성되는 중저층 판상형
배치가 아니라, 외부 공간의 위계가 불분명한 고층 타워형 동 배치로 계획되었다.

반포 자이

따라서 동으로 둘러싸인 중정이 없고 휑하게 열린 외부 공간에 전체적 틀을 만들
고 주민들의 자연스러운 커뮤니티 활동을 돕는 구심점이 필요했다. 그룹한은 전
체 단지를 하나로 묶을 수 있도록 단지를 관통하는 기다란 실개천을 도입했다. 단
지 전체의 레벨을 고려하여 지대가 높은 중심부의 발원지로부터 단지를 좌우로
관통하며 조성된 실개천을 따라 다양한 휴게 공간, 오픈스페이스, 놀이 공간, 운

전통마을이라면 어느 곳에나 있는 실개천을 도입하여
휴게공간, 놀이공간, 오픈 스페이스 등을 조성한 반포 자이

동 시설 등을 배치하여 자연스럽게 물길 주변으로 사람들이 모일 수 있도록 설계
했다. 인근의 한강에서 물을 끌어올려 단지 내를 흐른 다음 다시 반포천을 따라
한강으로 흘러들어갈 수 있게 계획했다. 반포 자이 아파트의 실개천은 주변의 다
채로운 수목과 함께 사계절 다양하고 풍성한 자연 경관을 연출하며 아이들과 가
족들이 모여 이야기꽃을 피우는 아름다운 공간으로 사랑받고 있다.

숲, 개울, 길
동탄2 신도시의 실험

한국적 신도시의 모델이 된 동탄에서 그룹한은 숲, 개울, 길이 만드는 전통 마을 구성 원리를 차용해 환경에 순응하는 녹색 기반을 만들고자 했다. 발주처는 '정 감情感 동탄'이라는 슬로건 아래, 동탄2 신도시에 정과 흥이 넘치고 지역 고유의 정체성을 담은 매력적인 한국적 도시 이미지를 구축하고자 했다. 이를 바탕으로 그룹한은 전통 마을을 재해석하여 한국적 마을 만들기를 시도했고, 자연과 상생 하는 음양오행 사상을 재해석하여 한국적 도시 공원의 모델을 제시했다.

대상지는 본래 동고서저의 지형으로, 동쪽 무봉산 자락의 구릉과 숲이 동탄1 신도시의 반석산을 향해 흐르는 광역 녹시 체계를 갖추고 있다. 전통 마을은 산 과 물에 대한 이해를 바탕으로 다양한 마당과 굽은 길 등 물리적·생태적 구성 요

소로 형성된다. 뿐만 아니라 대청마루에 담 너머 앞산의 풍경을 끌어들이고 정자
에서 풍광을 감상할 수 있는 체험적 경관이 특징적이다. 이러한 전통 마을의 생
태적·문화적 특징을 현대적으로 재해석하여 네 가지 설계 개념인 산경山徑, 수경
水經, 수기修己, 승경勝景을 도출했다. 이러한 통합적 설계 개념을 바탕으로 지속가
능한 한국적 그린 인프라를 재현하고자 했다.

산경,
마을을 보호하는
숲 만들기

예전에 이 대상지에서 볼 수 있었던 구릉과 마을숲을 모티브로 입체적 대지를 조성하여 한국적 구릉형 공원을 계획했다. 주변 현황과 식생 구조를 고려한 다양한 마을숲을 조성해 동서축과 남북축을 이루는 광역 녹지 네트워크를 조성했디. 입체적으로 조성된 대지는 무봉산에서 발원된 녹지축이며 연속성을 갖는 생태적 기반이다. 또한 주변과의 관계를 고려한 마당 및 연계 프로그램을 위한 문

산경 _ 마을을 보호하는 숲 만들기
풍수지리적 명당의 필수요소인 마을숲은 사람에게 아름다운 풍치를 주고 재해를 막아주며,
지형의 허술함을 메워주고, 맑은 공기를 주는 등 다양한 이익을 제공해왔다.
동탄의 기존 자연환경을 바탕으로 숲의 조성을 통해 도시환경을 보완하고자 한다.

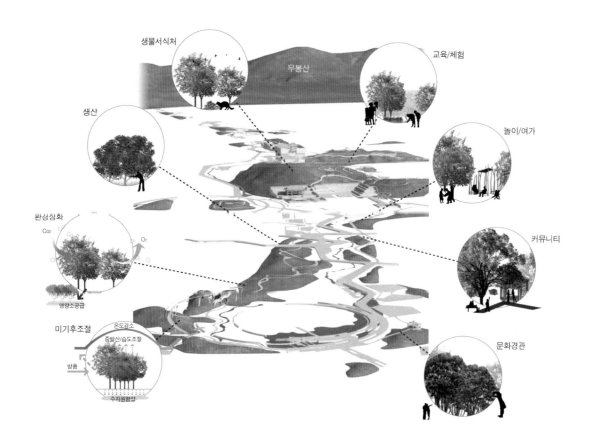

화적 기반 요소로 활용되기도 한다. 동서 녹지축은 전통 마을숲으로, 무봉산과 원형 보존지의 식생 구조(소나무, 상수리 군락)와 전통 마을숲의 우점 교목인 느티나무와 소나무를 주요 수종으로 하는 다층 구조의 군락을 식재했다. 남북 녹지축에는 주변 주거 단지의 프라이버시와 경관성을 고려해 서어나무, 단풍나무 군락을 조성했다.

서녘마당에 조성된 '브리지,
공원의 입구를 강조하는 랜드마크

수경,
건강한 물길
만들기

전통 마을은 중수나 빗물 이용 등을 통해 여울이 있는 수로와 지당을 지나 자연 정화되어 논과 하천으로 흘러가는 효율적인 자연 수순환 시스템을 갖추었다. 이러한 시스템을 적용하여 다양한 빗물 이용 시설과 연계하고 자연의 이치에 맞게 우수를 침투·활용하는 자족적인 수순환 체계를 구축하고자 했다. 전통 마을에서 사람들은 물길을 공유하면서 문화도 함께 공유했다. 사람들은 우물가에서 이웃의 정을 나누고 정자에 앉아 연못을 바라보기도 하며 우물을 생활과 경작에 필요한 물로 이용했다. 수로를 따라 흐르는 물은 소생물들의 서식처가 되었다. 동탄의 물길에도 삶의 다양한 이야기를 담고자 했다.

수경 _ 건강한 물길 만들기
물길의 다양한 이야기
전통마을에서 사람들은 물길을 공유하면서 문화도 함께 공유하였다.
사람들은 우물가에서 이웃의 정을 나누고, 정자에 앉아 연못을 바라보기도 하고,
생활과 경작에 필요한 물로 이용하는 한편, 수로를 따라 흐르는 물은 소생물들의 서식처가 되기도 하였다.
동탄의 물길에도 이러한 삶의 다양한 이야기를 담아가고자 한다.

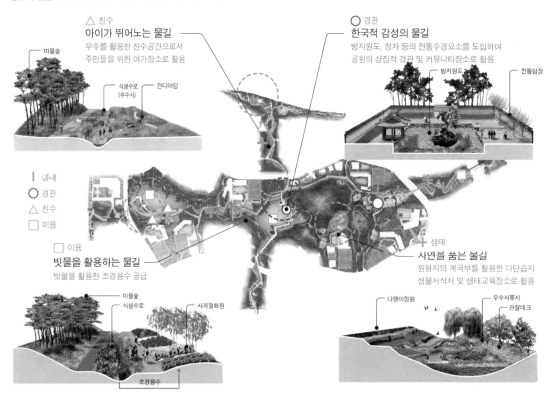

서녘마당의 서쪽에 조성된 동구연못,
둠벙, 빨래터 등 전통 마을의 수경 시설에 착안해 조성한 수공간

수기,
소통하는 마을길
만들기

실과 마낭으로 구성된 진통 마을의 공간 위계를 모티브로 삼았다. 공원 내에 주변 토지이용계획(공동주택, 학교)의 고샅과 만나는 고샅길을 조성해 도심과의 연계성을 강화했다. 공원의 주요 공간에는 고샅길을 중심으로 한 마당을 조성했다. 이를 바탕으로 커뮤니티를 계획해 지역 공동체 허브의 기반을 마련했다. 또한 경관 포인트와 구릉을 연결하는 마을 뒷길인 순환형 테마 산책로를 낮은 길과 높은 길로 나누어 조성했다.

수기 _ 소통하는 마을길 만들기
길과 마당으로 구성되는 전통 마을의 공간 위계를 도입하여
단지 및 학교와 공원의 연계성을 강화하고,
길을 중심으로 하는 커뮤니티를 활성화하고자 한다.

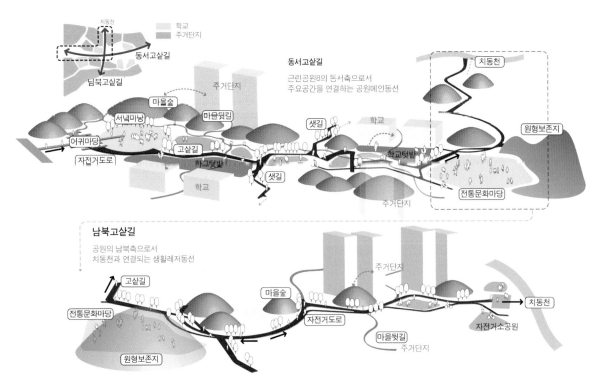

승경,
걸음 따라 즐기는
풍광 만들기

구릉과 숲 속을 거닐 수 있는 마을 뒷길을 통해 높이 변화에 따른 다양한 경관 체험을 제공한다. 또한 누각과 정자를 중심으로 하는 차경 기법을 통해 반석산, 동탄1 신도시, 무봉산을 대상지 내로 끌어들인다. 공원 입구의 화장실과 브리지 등의 시설물은 공원의 입구성과 상징성을 강조하며 경관 포인트로 활용한다.

숲, 개울, 길이 만드는 전통 마을은 이미 오래전부터 환경에 순응하는 전통적 녹색 기반을 갖추고 있었다. 그룹한은 동산과 울숲, 둠벙과 실개울, 그리고 마을 곳곳을 이어 하나로 연결해 주던 마을길의 지혜를 빌어 한국적 신도시 동탄의 그린 인프라를 만들고자 했다.

승경 _ 걸음 따라 즐기는 풍광 만들기
굽이굽이 이어지는 길 따라 펼쳐지는 전통 마을의 경관처럼,
동선에 따라 변화하는 경관 체험을 제공한다.
또한 보행자의 시선과 시각에 따른 8가지의 경관 감상법을 활용한
경관 요소의 도입으로 경관에 생동감과 깊이를 부여하고자 한다.

올려보다 — 치동천 체육공원 관리사무소에서 올려다보는 하늘풍광

내려보다 — 치동천 체육공원 관리사무소 사랑방에서 내려다보는 치동천

바라보다 — 전통문화마당에서 바라보는 반석산

눌러보다 — 하늘다리길에서 둘러보는 서녘마당

지나쳐보다 — 길 따라 지나쳐보는 들골의 초화경관

넘어보다 — 동녘마당의 담 너머 바라보는 무봉산

사이로 보다 — 숲골 나무 사이로 보이는 원형지

마주보다 — 숲 속 쉼터에서 마주보는 정자 풍경

청계 중앙공원의 전통 누각과 방지원도,
전통적인 조경 요소의 도입을 통한 한국적 공간 이미지 구현

전통 누각에서는 반석산과 동탄1 신도시의 풍경이 펼쳐진다.

물골광장의 수경시설,
뒤편에 식재된 소나무 군락과 함께
광장의 입구를 강조

원형보존지의
소나무와 상수리 군락,
전통 마을숲의 우점 교목인
느티나무를 가로수로 식재

내적 정신의
표현

전통을 계승한 한국적 조경이라는 과제가 그동안 많은 작품을 통해 시도되었지만 진정한 의미의 전통의 계승은 아직 완성되었다고 볼 수 없고 또 완성될 수도 없을 것이다. 또한 전통적 조경 기법을 도입하는 것이 과연 한국적인가에 대한 의문은 여전히 많은 조경가에게 숙제로 남아 있다. 최근 필자는 중국 화풍에서 탈피해 독창적인 한국적 화법을 창조해냈던 진경산수의 대가 겸재 정선의 그림에서 한국적 조경의 가능성을 탐색할 수 있었다.

겸재의 '인왕제색도'를 보면 흰 바위를 검게 표현하여 큰 바위가 가지는 강렬한 힘을 반사적으로 표출해냄으로써 우리 산세의 기상을 나타냈는데, 이는 눈에 보이는 형태나 색을 초월해 대상의 본질을 추구하는 진경의 참 모습이다. 산수와 자연물에도 다 생명이 있다고 믿었기 때문에 자연물을 표현할 때도 정신을 표현해야 하며 외형을 넘어 '내적 정신을 표현해야 한다'는 성리학의 학풍을 계승한 것이었다. 그가 말년에 그린 '금강내산전도'는 실재 금강산보다 더 금강산처럼 보인다. 한눈에 보이지 않는 금강산의 진정한 아름다움을 한 폭의 그림 속에 생생히 되살림으로써 대상이 지닌 영혼을 불러내는 진경산수의 정수다. 필자는 겸재 정선이 추구했던 '외형을 넘어 내적 정신을 표현할 줄 아는' 것이야말로 우리 한국 조경가들이 되새겨야 할 훌륭한 디자인 철학이 아닐까 생각한다.

인왕제색도

금강내산전도

더 읽을 거리

› 고정희, 『100 장면으로 재구성한 조경사』, 한숲, 2018.

› 그룹한·박명권, 『Group Han』, 도서출판 담디, 2002.

› 그룹한·박명권, 『그룹한 어소시에이트 20주년 작품집』, 도서출판 조경, 2014(비매품).

› 김세훈, 『도시에서 도시를 찾다』, 한숲, 2017.

› 김영민, 『스튜디오 201, 다르게 디자인하기』, 한숲, 2016.

› 배정한 편, 『용산공원: 용산공원 설계 국제공모 비평』, 나무도시, 2013.

› 배정한, 『현대 조경설계의 이론과 쟁점』, 도서출판 조경, 2004.

› 정동오, 『한국의 정원』, 민음사, 1980.

› 조경비평 봄, 『봄: 디자인 경쟁시대의 조경』, 도서출판 조경, 2008.

› 편집부 편, 『용산공원 설계 국제공모 작품집』, 도서출판 조경, 2013.

› 행정중심복합도시 건설청, 『행정중심복합도시 중앙녹지공간 국제 설계공모 작품집』, 2007.

› 허균, 『한국의 정원, 선비가 거닐던 세계』, 다른세상, 2002.

› Adriaan Geuze/West 8, ed., *Mosaics*, Berlin: Birkhäuser, 2008.

› Anita Berrizbeitia, ed., *Michael Van Valkenburgh Associates: Reconstructing
Urban Landscapes*, New Haven: Yale University Press, 2009.

› Bernard Tschumi, *Event-Cities*, Cambridge, MA: The MIT Press, 1994.

› Charles Waldheim, ed., *Landscape Urbanism Reader*, 김영민 역, 『랜드스케이프
이바니즘』, 도서출판 조경, 2007.

› Charles Waldheim, *Landscape as Urbanism*, New York: Princeton University
Press, 2016, 배정한+심지수 역, 한숲, 2018(근간).

› Christophe Girot and Dora Imhof, eds., *Thinking the Contemporary Landscape*,
New York: Princeton Architectural Press, 2016.

› Christophe Girot, *The Course of Landscape Architecture: A History of Our
Designs on the Natural World, from Prehistory to the Present*, New York: Thames
and Hudson, 2016.

› Diana Balmori, *A Landscape Manifesto*, New Haven: Yale University Press, 2010.

› Geoffrey and Susan Jellicoe, *The Landscape of Man: Shaping the Environment
from Prehistory to the Present Day*, 3rd ed., New York: Thames and Hudson, 1995.

› George Hargreaves and Julia Czerniak, *Hargreaves: The Alchemy of Landscape
Architecture*, New York: Thames & Hudson, 2009.

› George Hargreaves, *Landscape Architect, Vol. 2: Hargreaves Associates*, Seoul:
Archiworld, 2008.

› Ian L. McHarg, *Design with Nature*, Garden City, NY: Doubleday/Natural History Press, 1969.

› James Corner Field Operations and Diller Scofidio & Renfro, *The High Line*, New York: Phaidon, 2015.

› Jane Brown Gillette, ed., *Peter Walker Partners: Landscape Architecture: Defining the Craft*, New York: ORO Editions, 2005.

› John Beardsley, *Earthworks and Beyond: Comtemporary Art in the Landscape*, New York: Abbeville Press, 2006.

› Julia Czerniak and George Hargreaves, eds., *Large Parks*, 배정한+idla 역,『라지 파크』, 도서출판 조경, 2010.

› Julia Czerniak, ed., *Case: Downsview Park Toronto*, New York: Prestel, 2002.

› Ken Smith, *Ken Smith: Landscape Architect*, New York: The Monacelli Press, 2009.

› Laurie Olin, *Olin: Placemaking*, New York: The Monacelli Press, 2008.

› Martha Schwartz, *Recycling Spaces: Curating Urban Evolution*, New York: Thames and Hudson, 2011.

› Niall Kirkwood, *Manufactured Sites: Rethinking the Post-Industrial Landscape*, Abingdon, UK: Taylor & Francis, 2006.

› NYC, *NYC Green Infrastructure Plan: A Sustainable Strategy for Clean Waterways*, 2010.

› Peter Latz, *Rust Red: The Landscape Park Duisburg-Nord*, München: Hirmer Publishers, 2017.

› Rem Koolhaas and Bruce Mau, *S M L XL*, New York: The Monacelli Press, 1995.

› Timothy J. Gilfoyle, *Millenium Park Creating a Chicgo Landmark*, Chicago: University of Chicago Press, 2006.

› Udo Weilacher, *Syntax of Landscape: The Landscape Architecture of Peter Latz and Partners*, Berlin: Birkhäuser, 2007.

› William S. Saunders, ed., *Richard Haag: Bloedel Reserve and Gasworks Park*, New York: Princeton Architectural Press, 1998.

› William Saunders, ed., *Designed Ecologies: The Landscape Architecture of Kongjian Yu*, Berlin: Birkhäuser, 2012.

그림 출처

I. 자연과 인간

› p.22 상 좌: 메소포타미아 지구라트, 출처: https://3.bp.blogspot.com/-knCUvHMnRcw/VsfAp2I1YHI/AAAAAAAAg-U/3S8du9sNAGw/s1600/32487-ziggurat-mesopotamia%255B1%255D.jpg

› p.22 상 중: 수도원 정원, 출처: Johann Rudolf Rahn, *Geschichte der Bildenden Künste in der Schweiz: Von den Älte sten Zeiten bis zum Schlusse des Mittelalters*, Zürich, 1876.

› p.22 상 우: 바빌론의 공중 정원, 출처: Robert von. Spalart, *Versuch über das Kostum der vorzüglichsten Völker des Alterthums, des Mittelalters und der neueren Zeiten*, Schalbacher, 1807.

› p.22 하: 이집트 장제 신전, ©Alberto Gonzalez Rovira/fliker, CC BY 2.0

› p.23 좌: 성곽 정원, ©환경과조경

› p.23 우 상: 빌라 메디치, ©Donata Mazzini/Wikimedia Commons, CC BY-SA 3.0

› p.23 우 하: 빌라 란테, ©Ljuba brank/Wikimedia Commons, CC BY-SA 4.0

› p.24 상: 이졸라 벨라, ©Ad Meskens/Wikimedia Commons, CC BY-SA 3.0

› p.24 중 좌: 회랑식 중정, ©The Metropolitan Museum of Art(Photographs by Melanie Holcomb)

› p.24 중 우: 채원, ©환경과조경

› p.24 하 좌: 빌라 데스테, ©Dnalor 01/Wikimedia Commons, CC BY-SA 3.0

› p.25 상: 보르비콩트, ©Olga Khomitsevich/Flickr, CC BY 2.0

› p.25 하 좌: 베르사유 궁원, ©Denis/Flickr, CC BY-SA 2.0

› p.25 하 우: 앙드레 르 노트르, 출처: 카를로 마라타(Carlo Maratta)가 그린 앙드레 르 노트르의 초상화, 베르사유 궁원 소장

› p.26 상: 클로드 로랭의 풍경화, 출처: 클로드 로랭(Claude Lorrain)의

<이집트로 피신하는 길의 피신>, 덜위치 미술관 소장

› p.26 하: 스타우어헤드 정원, ©Hans Bernhard/Wikimedia Commons, CC BY-SA 3.0

› p.27: 스토우 정원, ©Aquagg/Flickr

› p.28 상 좌: 프레더릭 로 옴스테드, ©National Park Service, Frederick Law Olmsted National Historic site

› p.28 상 우: 뉴욕 센트럴 파크, ©Anthony Quintano/Flickr, CC BY 2.0

› p.28 하: 센트럴 파크 초기 마스터플랜, 출처: Geographicus Rare Antique Maps

› p.29: 와워나 로드 터널 뷰, ©Mark J. Miller/Wikimedia Commons, CC BY-SA 3.0

› p.30: 센트럴 파크, ©Mak3t/Shutterstock.com

› p.33 상: 센트럴 파크의 겨울 스케이트장, ©Tomás Fano/Flickr, CC BY-SA 2.0

› p.34 : 이안 맥하그의 현황 분석도, 출처: Ian L. McHarg, *Design with Nature*, The Natural History Press, N.Y., 1969.

› p.35 상: 이안 맥하그의 분석 시스템, 출처: Ian L. McHarg, *Design with Nature*, The Natural History Press, N.Y., 1969.

› p.35 하: 조지 하그리브스, 월간 『환경과조경』 1996년 12월호

› p.36: 빅스비 파크, ©배정한

› p.37: 빅스비 파크, ©John Lambert Pearson/Flickr, CC BY 2.0

› p.38: 마곡 워터프런트 실세생모 출품작, ©조지 하그리브스 + 그룹한

› p.39 상: 마곡 워터프런트 설계공모 출품작, ©조지 하그리브스 + 그룹한

› p.39 하: 마이클 반 발켄버그, 출처: www.mvvainc.com, ©Michael Van Valkenburgh Associates

› p.40: 티어드롭 파크, 출처: www.mvvainc.com, ©Michael Van Valkenburgh Associates

› p.41: 라 빌레트 공원, ©Guilhem Vellut/Flickr, CC BY 2.0

› p.42 상: 라 빌레트 공원,

©EPPGHV(Photographs by Phillippe Guignard)

› p.42 하: 라 빌레트 공원, ©배정한

› p.43 상: 베르나르 추미의 라 빌레트 설계안, 출처: https://www.moma.org/collection/works/625, ©2018 Bernard Tschumi

› p.43 하: 렘 콜하스가 설계한 라 빌레트 공원 설계공모 2등작, 출처: http://oma.eu, ©OMA

› p.44, 45, 46: 행정중심복합도시 중앙녹지공간 출품작, ©그룹한

› p.47: 배곧 신도시 중앙공원 당선작, ©그룹한

› p.48, 50, 51, 52: 배곧생명공원, ©유청오

II. 과학과 예술

› p.57: 이안 맥하그의 현황분석도, 출처: Ian L. McHarg, *Design with Nature*, The Natural History Press, N.Y., 1969.

› p.59 좌 상: Niall Kirkwood(Editor), *Manufactured Sites: Rethinking the Post-Industrial Landscape*, Taylor & Francis, 2003.

› p.59 좌 하: Niall Kirkwood, Kate Kennen, *Phyto: Principles and Resources for Site Remediation and Landscape Design*, Routledge, 2015.

› p.59 우: 중국 탕산 사례, ©Harvard University Graduate School of Design

› p.60, 61: 용산공원 설계 국제공모 출품작, ©그룹한 + 니얼 커크우드

› p.63 상 좌: 저영향개발(LID)을 위한 대상지 계획 예시, 출처: http://www.psp.wa.gov/downloads/LID/20121221_LIDmanual_FINAL_secure.pdf (Low Impact Development Technical Guidance Manual for Puget Sound)

› p.63 상 우, 하 좌, 하 우: 저영향개발(LID)을 위한 대상지 계획 예시, 출처: https://www.cleanwaterservices.org/media/1468/lida-handbook.pdf(Low Impact Development Approaches Handbook)

> p.64: 오리건 컨벤션센터 레인가든, 출처: http://www.mayerreed.com, ⓒBruce Forster and Mayer/Reed

> p.65: 포틀랜드 공항 내 항공항만청사, 출처: http://www.mayerreed.com, ⓒBruce Forster and Mayer/Reed

> p.67, 68: 미사강변센트럴자이 우수 유출 시스템, ⓒ그룹한 + 니얼 커크우드 + 한국그린인프라연구소

> p.69, 70, 71, 72: 미사강변센트럴자이, ⓒ유청오

> p74: 피터 워커, 월간『환경과조경』 2012년 4월호

> p.75: 버넷파크, 출처: http://www.pwpla.com, ⓒPWP Landscape Architecture

> p.76 상: 하버드 대학교 중정의 태너 분수, ⓒArt Poskanzer/Flickr, CC BY 2.0

> p.76 하 좌, 하 우: 하버드 대학교 중정의 태너 분수, 출처: http://www.pwpla.com, ⓒPWP Landscape Architecture

> p.78: 사우스 코스트 플라자, 출처: http://www.pwpla.com, ⓒPWP Landscape Architecture

> p.79: 하리마 과학기술센터, 출처: http://www.pwpla.com, ⓒPWP Landscape Architecture

> p.80: 베를린 소니센터, ⓒ환경과조경

> p.81: 베를린 소니센터, ⓒStefan-Xp/Wikimedia Commons, CC BY-SA 3.0

> p.82: 내셔널 9.11 메모리얼, ⓒNiels Mickers/Flickr, CC BY 2.0

> p.85 상: 내셔널 9.11 메모리얼, 출처: http://www.pwpla.com, ⓒPWP Landscape Architecture

> p.85 하: 내셔널 9.11 메모리얼, ⓒSteve Gardner/Flickr, CC BY 2.0

> p.86: 마사 슈왈츠, 월간『환경과조경』 2012년 6월호

> p.87 상: 제이콥 자비츠 플라자, 출처: http://www.marthaschwartz.com, ⓒMartha Schwartz Partners

> p.87 중 좌, 중 우, 하 좌, 하 우: HUD 플라자, 출처: http://www.marthaschwartz.com, ⓒMartha Schwartz Partners

> p.88 상: 시타델 쇼핑센터, http://www.marthaschwartz.com, ⓒMartha Schwartz Partners

> p.88 하 좌, 하 우: 화이트헤드 연구소 옥상 정원, 출처: http://www.marthaschwartz.com, ⓒMartha Schwartz Partners

> p.89: 미네아폴리스 주청사 광장, http://www.marthaschwartz.com, ⓒMartha Schwartz Partners

> p.91 상: 크리스토와 잔느 글로드의 대지예술 작품(퐁네프 다리), ⓒAirair/Wikimedia Commons, CC BY-SA 3.0

> p.91 중: 크리스토와 잔느 글로드의 대지예술 작품(몬테 이졸라), ⓒNewtonCourt/Wikimedia Commons, CC BY-SA 4.0

> p.91 하: 크리스토와 잔느 글로드의 대지예술 작품(센트럴 파크), ⓒDelaywaves/Wikimedia Commons, CC BY 3.0

> p.92 좌: 월터 드 마리아의 '번개 치는 들판', ⓒEstate of Walter De Maria(Photographs by John Cliett)

> p.92 우: 로버트 스미스슨의 '나선형 방파제', ⓒHolt/Smithson Foundation and Dia Art Foundation, licensed by VAGA, New York.

> p.93 상 좌: 테호 트랑카오 공원, 출처: https://web.archive.org/web/20071017031034/http://www.hargreaves.com/projects/Waterfronts/ParqueDoTejo/ ⓒHargreaves Associates

> p.93 상 우 하: 테호 트랑카오 공원, 출처: https://web.archive.org/web/20071017031034/http://www.hargreaves.com/projects/Waterfronts/ParqueDoTejo/ ⓒHargreaves Associates

> p.93 하 좌: 사우스 포인트 파크, ⓒMia2you/shutterstock.com

> p.93 하 우 상, 하 우 하: 사우스 포인트 파크, 출처: http://www.hargreaves.com, ⓒHargreaves Associates

> p.94: 연신내 물빛공원, ⓒ그룹한

> p.95 상: 문래동 현대 홈타운, ⓒ그룹한

> p.95 하: 안산 고잔 푸르지오, ⓒ그룹한

> p.96: 일산 식사 자이, ⓒ그룹한

> p.97 상 좌: 일산 식사 자이, ⓒ그룹한

> p.97 상 우: 상암 MBC 신사옥, ⓒ유청오

> p.97 하: 상암 MBC 신사옥, ⓒ유청오

> p.98: 양평 블룸비스타, ⓒ유청오

> p.100 상: 김포 신도시 주거단지 조감도, ⓒ그룹한

> p.100 하: 영종 하늘공원 설계공모 제출작, ⓒ그룹한

> p.101: 동학농민운동 기념공원 설계공모 출품작, ⓒ그룹한

> p.102: 동부산 관광단지 설계공모 제출작, ⓒ그룹한

> p.103: 부산 명지지구 공원 설계공모 당선작의 초기안, ⓒ그룹한

> p.104: 부산 명지지구 공원 설계공모 당선작, ⓒ그룹한

III. 조경과 도시

> p.109 상: VPRO 본사, 출처: https://www.mvrdv.nl, ⓒMVRDV

> p.109 중: WoZoCo 고령자 주택단지, 출처: https://www.mvrdv.nl, ⓒMVRDV

> p.109 하: 독일 하노버 엑스포 네덜란드관, 출처: https://www.mvrdv.nl, ⓒMVRDV

> p.110 좌 상: 광교 파워센터 에콘힐, 출처: https://www.mvrdv.nl, ⓒMVRDV

> p.110 좌 하: 강남 보금자리 아파트, 출처: https://www.mvrdv.nl, ⓒMVRDV

> p.110 우: 안양 예술공원 전망대, ⓒSimon Johansson/Flickr, CC BY-SA 2.0

> p.111 상, 중 좌, 중 우: 서울로 7017, 출처: https://www.mvrdv.nl, ⓒMVRDV

> p.111 하 좌: 렘 콜하스의 프랑스 국립 도서관, 출처: http://www.floornature.com/very-big-

library-oma-exhibition-8063/ ©OMA

› p.111 하 우: 다섯 개의 개체와 전체는 9개의 엘리베이터에 의해 연결, 출처: Rem Koolhaas and Bruce Mau, *S,M,L,XL*, The Monacelli Press, 1995.

› p.112 상: 베르나르 추미의 라 빌레트 공원, 출처: Bernard Tschumi, *Tschumi Parc de la Villette*, Artifice Books on Architecture, 2014.

› p112 중 좌, 하: 라빌레트의 폴리, ©Peeradontax/shutterstock.com

› p.112 중 우: 사용자의 불확정적인 프로그램을 선택, 출처: http:// www.tschumi.com, ©Bernard Tschumi Architects

› p.113 상 좌: F.O.A의 요코하마 국제 항구 터미널, ©Satoru Mishima/Wikimedia Commons, CC BY 3.0

› p.113 상 우 상: 렘 콜하스의 쥐시외 내악교 도서관, 출처: http://oma.eu, ©OMA

› p.113 상 우 하: 에밀리오 암바스의 후쿠오카 국제 홀, ©Kenta Mabuchi/ Flickr, CC BY-SA 2.0

› p.113 하 좌, 하 우: 판의 조작(접힘, 주름), ©Guilhem Vellut/Flickr, CC BY 2.0

› p.114 하 좌: 피터 아이젠만의 에모리 대학교 예술센터, 출처: https:// eisenmanarchitects.com, ©Eisenman Architects

› p.114 하 중: 랜드스케이프 어바니즘 표지, 출처: http://www.papress.com/html/ product.details.dna?isbn=9781568984 391&lpA2

› p.114 하 우: 찰스 왈드하임, 월간 『환경과조경』 2010년 12월호

› p.116 상: 밀라노 PGT(Piano di Governo del Territorio) 계획, 출처: http://www.metrogramma.com, ©Metrogramma

› p.116 하: ©Blue Planet Studio/ Shutterstock.com

› p.117 상: 제임스 코너, 월간 『환경과조경』 2007년 4월호

› p.117 하: 프레시 킬스 대상지, 출처: http://www.fieldoperations.net, ©JCFO

› p.118: 프레시 킬스 계획안, 출처: http:// www.fieldoperations.net, ©JCFO

› p.122, 123, 124, 125, 126, 127, 128: 부산 가덕도 국제 설계공모 출품작, ©그룹한

› p.130, 132, 133, 134, 136, 138: 고양 식사지구 주거단지, ©그룹한

› p.140, 141, 142, 144, 145: 동탄 신도시 워터프런트 콤플렉스, ©그룹한

› p.146, 147, 148, 149, 150, 151, 152, 153, 154, 155, 156: 용산공원 설계 국제공모 출품작, ©그룹한 + 투렌스케이프

Ⅳ. 디자인과 문화

› p.160: 워터파이어의 점화를 기다리는 사람들, ©Beppe Castro/ shutterstock.com

› p.161: 로드아일랜드 프로비던스 워터 화이어 축제, ©liz west/Flickr, CC BY 2.0

› p.163: 렘 콜하스 + 브루스 마우의 트리 시티, 출처: http://oma.eu, ©OMA

› p.165: 시카고 밀레니엄 파크와 매기 데일리 공원, ©Gianfranco Vivi/ shutterstock.com

› p.166 상: 밀레니엄 파크 내의 제이 프리츠커 파빌리온, ©Felix Mizioznikov/shutterstock.com

› p.166 하: 밀레니엄 파크 내의 제이 프리츠커 파빌리온, ©FiledIMAGE/ shutterstock.com

› p.167: 일명 '혈압 브리지'라 불리는 B.P Bridge, ©Torsodog/Wikimedia Commons, CC BY-SA 3.0

› p.168 상 좌, 상 우: 하우메 플렌자가 설계한 크라운 분수, ©이유직

› p.168 하: 하우메 플렌자가 설계한 크라운 분수, ©Serge Melki/Flickr, CC BY 2.0

› p.169: 아니쉬 카푸어가 디자인한 클라우드 게이트, ©ferita Rahayuningsih/shutterstock.com

› p.171: 밀레니엄 파크의 전경, ©Margie Hurwich/shutterstock.com

› p.172: 개스 웍스 파크, ©Joe Mabel/ Wikimedia Commons, CC BY-SA 3.0

› p.174 상: 개스 웍스 파크, 출처: http:// www.fogwp.org, ©Friends of Gas Works Park

› p.174 하: 개스 웍스 파크, 출처: http:// richhaagassoc.com, ©Richard Haag Associates

› p.175: 개스 웍스 파크, ©Joe Wolf/ Flickr, CC BY-ND 2.0

› p.176: 뒤스부르크-노르트 랜드스케이프 파크, ©Alice-D/shutterstock.com

› p.178 중 좌, 중 우, 하 좌, 하 우: 뒤스부르크-노르트 랜드스케이프 파크, ©환경과조경

› p.179 상: 뒤스부르크-노르트 랜드스케이프 파크의 암벽 등반장, ©환경과조경

› p.179 하 좌: 뒤스부르크-노르트 랜드스케이프 파크의 무대, 출처: https://www.latzundpartner.de, ©Latz+Partner

› p.179 하 우: 뒤스부르크-노르트 랜드스케이프 파크의 고가 보행로, ©환경과조경

› p.181, 182, 184, 185, 186, 187, 189: 당인리 복합화력발전소 공원 계획, ©그룹한

› p.190, 191, 192, 193, : 순천만 국제정원박람회 국제 설계공모 계획안, ©그룹한

› p.194, 195, 196, 197, 198: 동부산 관광단지 실제공모 실제안, ©그룹한

Ⅴ. 공간과 시간

› p.203 좌: ©Fernando Cortes/ shutterstock.com

› p.203 우: ©pogonici/shutterstock.com

› p.204, 205: 백제문화단지, ©유청오

› p.206: 개스 웍스 파크, ©Phil Lowe/ shutterstock.com

› p.207: 뒤스부르크-노르트 랜드스케이프 파크, ©환경과조경

› p.208, 210: 선유도공원, ©환경과조경

› p.211: 신월정수장 공원화 설계공모 제출작, ©그룹한

› p.212, 213, 214: 남산 회현자락 한양도성 공원 조성 설계공모 제출작, ©그룹한

› p.216: JCFO의 프레시 킬스 설계공모 당선작, '라이프스케이프', 출처: http://www.fieldoperations.net, ©JCFO
› p.217: 용산공원 설계 국제공모 출품작, ©그룹한 + 투렌스케이프
› p.219 상 좌, 상 우 상, 상 우 하 : 제임스 코너 필드 오퍼레이션스와 딜러 스코피디오+렌프로의 하이라인, 출처: http://www.fieldoperations.net, ©JCFO
› p.219 하 좌: 제임스 코너 필드 오퍼레이션스와 딜러 스코피디오+렌프로의 하이라인, ©MikeDotta/shutterstock.com
› p.219 하 우: 제임스 코너 필드 오퍼레이션스와 딜러 스코피디오+렌프로의 하이라인, ©PitK/shutterstock.com
› p.220: ©pisaphotography/shutterstock.com
› p.222, 223, 224: 경춘선 공원 설계공모 제출작, ©그룹한
› p.225 상 좌, 상 우 상, 상 우 하: 티어드롭 파크의 아이스 월, 출처: http://www.mvvainc.com, ©Michael Van Valkenburgh Associates
› p.225 중 좌, 중 우, 하 좌, 하 우: 캠브리지의 캠퍼스에 설치된 래드클리프 아이스 월과 크라코 아이스 가든, 출처: http://www.mvvainc.com, ©Michael Van Valkenburgh Associates
› p.226, 227: 장충동 타작마당 정원, ©그룹한
› p.229, 230: 시흥장현지구 공원 설계공모 계획안, ©그룹한

VI. 채움과 비움
› p.234: 종묘, ©KO BYUNGSUK/Wikimedia Commons, CC BY-SA 4.0
› p.235: 한옥의 마당과 대청마루, ©환경과조경
› p.236 상: 쇼우부르흐 광장, ©Marja van Bochove/Flickr, CC BY 2.0
› p.236 중 좌: 쇼우부르흐 광장, ©Frans Blok/shutterstock.com
› p.236 중 우: 쇼우부르흐 광장, 출처: http://www.katriyoga.com, ©KATRIYOGA
› p.236 하 좌: 쇼우부르흐 광장, ©Rory Hyde/Flickr, CC BY-SA 2.0
› p.236 하 중: 쇼우부르흐 광장, 출처: http://www.west8.com, ©WEST 8
› p.237 상: 아드리안 회저, 월간 『환경과조경』 2013년 8월호
› p.237 하: 로리 올린의 오렌지 카운티 그레이트 파크 설계공모 참가작, 월간 『환경과조경』 2009년 7월호
› p.238: 오렌지 카운티 그레이트 파크 설계공모 당선작, 출처: http://kensmithworkshop.com, ©Ken Smith Workshop
› p.239, 240, 241, 242, 243, 244: 부산 중앙광장 설계공모 제출작, ©그룹한
› p.246: 안드레스 페레아 오르테가의 행정중심복합도시 도시 개념 국제공모 당선작, 출처: http://andrespereaarquitecto.com, ©andrés perea architecto
› p.247: 다이아나 발모리의 행정중심복합도시 중심행정타운 마스터플랜 국제 설계공모 당선작, 출처: http://www.balmori.com, ©balmori associates
› p.248: 다이아나 발모리의 행정중심복합도시 중심행정타운 마스터플랜 국제 설계공모 당선작, 출처: balmori associates, H associates, ㈜해안건축(윤세한), "FLAT CITY, LINK CITY, ZERO CITY", 『환경과조경』 2007년 3월호, 2007.
› p.249: 행정중심복합도시 중앙녹지공간 국제 설계공모 당선작, 출처: 노선주, 서미경, 한무영, 민병욱, "Ancient Futures", 『환경과조경』 2007년 10월호, 2007.
› p.250: 행정중심복합도시 도시상징광장 설계공모 당선작, 출처: 김영민, 채움조경, 매니페스토 디자인, 동일건축, "세종상징광장", 『환경과조경』 2015년 11월호, 2015.
› p.251 좌: ©환경과조경
› p.251 우 상: ©유청오
› p.251 우 하: ©환경과조경

VII. 전통과 한국성
› p.254 좌: 중국 사자림, ©이유직
› p.254 우: 일본 용안사, ©이유직
› p.255 상: 창덕궁 부용정, ©이유직
› p.255 하: 창덕궁 옥류천 소요정, ©이유직
› p.256, 257: 광교 호수공원 국제 설계공모 제출작, ©그룹한 + JCFO
› p.258: 센양건축대학교 캠퍼스 조경, 출처: https://www.turenscape.com, ©Turenscape
› p.259: 탕허 강 공원, 출처: https://www.turenscape.com, ©Turenscape
› p.260: 수지 엘지 빌리지의 벽천, ©그룹한
› p.261: 수원 정자지구 근린공원 벽천, ©그룹한
› p.262: 방배 현대 홈타운, ©그룹한
› p.264: 신도림 e-편한세상의 문주와 선큰 가든, ©그룹한
› p.265, 266: 양주 자이, ©GS건설
› p.267, 268, 269: 반포 자이, ©GS건설, 그룹한
› p.270: ©우승명
› p.271, 272, 276, 278, 279: 동탄2 신도시 계획안, ©그룹한
› p.273: ©유청오
› p.274: 서녘마당에 조성된 브리지 ©유청오
› p.277: 서녘마당의 서쪽에 조성된 동구연못, ©유청오
› p.280: 동탄2 신도시 청계 중앙공원 전경, ©우승명
› p.282: 청계 중앙공원의 전통 누각과 방지원도, ©유청오
› p.284: 전통 누각에서 펼쳐지는 반석산과 동탄1 신도시의 풍경, ©유청오
› p.286, 287, 288: ©유청오
› p.281 상: 인왕제색도, 출처: http://www.heritage.go.kr, ©문화재청/국가문화유산포털, 공공누리 제1유형
› p.281 하: 금강내산전도